高等院校"十三五"规划教材·动画、数字媒体类

VIRTUAL DISPLAY AND APPLICATION OF DIGITAL PANORAMIC TECHNOLOGY

数字全景
虚拟展示与应用

（第二版）

黄秋儒 卢凯风 沈艾雯｜主编

王丰 朱莉 曹晶｜副主编

南京大学出版社

图书在版编目（CIP）数据

数字全景虚拟展示与应用 / 黄秋儒，卢凯风，沈艾
雯主编 . -- 2 版 . -- 南京：南京大学出版社，2019.3（2021.8 重印）
ISBN 978-7-305-20787-7

Ⅰ.①数… Ⅱ.①黄… ②卢… ③沈… Ⅲ.①图形软
件 – 教材 Ⅳ.① TP391.41

中国版本图书馆 CIP 数据核字（2018）第 181104 号

出版发行　南京大学出版社
社　　址　南京市汉口路22号　　　　　　　邮　编　210093
出 版 人　金鑫荣

书　　名　**数字全景虚拟展示与应用（第二版）**
主　　编　黄秋儒　卢凯风　沈艾雯
责任编辑　李 杰　沈 洁　　　　　编辑热线　025-83592123

照　　排　南京新华丰制版有限公司
印　　刷　南京京新印刷有限公司
开　　本　880×1092　1/16　印张　13.25　　字数　330　千
版　　次　2019年3月第2版　2021年8月第2次印刷
ISBN 978-7-305-20787-7
定　　价　35.00元

网址：http://www.njupco.com
官方微博：http://weibo.com/njupco
官方微信号：njupress
销售咨询热线：（025）83594756

前 言

时光如梭，时隔近五年，《数字全景虚拟展示与应用》迎来了第一次改版。从2014年至今，数字全景技术飞速发展，在房地产销售、旅游宣传、产品宣传、文物展示与保护、汽车销售、市政规划、交通导航等各个方面广泛运用，体现了巨大的实用价值。现在，经过五年时光，全景展陈在技术上也有新的发展与创新。受南京大学出版社委托，对《数字全景虚拟展示与应用》这一教材进行改版，添加了一些新的技术应用与操作方法。

本书共分为五章：第一章，数字全景。此章节主要介绍全景技术的来源及发展历程。第二章，全景拍摄详解。此章节从数字全景的概念入手，融入全景摄影的拍摄技法及硬件器材的选择与使用，到前期拼合技术的分析，整个过程详细介绍了数字全景制作前期的工作内容。第三章，造景师操作方法。此章节详细讲解数字全景制作系统——"造景师"软件所提供的数字全景拼合技术，其中有大量实用案例可供读者参考学习。第四章，造型师操作方法。此章节详细讲解数字全景制作系统——"造型师"软件所提供的数字全景单个物体360度展示技术，其中有大量实用案例可供读者参考学习。第五章，漫游大师操作方法。此章节详细讲解数字全景制作系统——"漫游大师"软件所提供的数字全景交互式系统整合技术，其中有大量实用案例可供读者参考学习。

通过本书的学习能让读者循序渐进地掌握数字全景技术。读者在学习过程中，配合实践环节，还能激发学习热情，提高学习效率。本书的编写要感谢上海杰图公司、无锡博物院、无锡市文化馆等单位大力协助；感谢殷俊教授、刘渊教授、朱方胜教授等设计艺术大家的技术指导；感谢吴慧、高山、杨晨等同学所做的资料收集整理工作；感谢南京大学出版社的大力支持。在《数字全景虚拟展示与应用》出版时隔五年之际，向读者推出第二版，希望再次为高校、大专院校、职业技术学院以及社会培训机构提供数字媒体虚拟现实数字全景方向的教学服务，完善相关课程建设。此教材还需不断完善，希望广大读者批评指正！

黄秋儒

2019年春 于太湖之滨

目　录

第一章

数字全景

第一节　全景绘画

一、全景绘画的诞生

"全景"（panorama）一词本来出自希腊语即看到全景的意思，对它更为确切的解释是"大型环状室内壁画"。常以油画作为基本手段，画面覆盖圆形大厅的整个内墙面，观众在大厅中央环顾四周欣赏画面。画面由发生在不同时间和空间的众多情节和场景组成，从不同侧面反复和加强同一主题。

我国北宋画家张择端所绘制的《清明上河图》（如图 1-1 所示）便是一幅全景绘画。他围绕脚下的一个点，生动地记录下中国古代的城市的生活面貌。

图 1-1　清明上河图（局部）

全景绘画诞生于十八世纪，盛行于十九世纪，爱尔兰画家罗伯特·巴克（Robert Barker）（如图 1-2 所示）第一个打出"全景"旗号。他的全景绘画于 1792 年在伦敦的一个圆柱形画馆里展出，引起了不小的轰动。全景绘画的出现曾经是震撼欧洲的重大事件，上至弗兰士、拿破仑、英国女王等王公贵族，下至平民百姓各个阶层的观赏者，都予以全景绘画以广泛的关注与欢迎。

图 1-2　Robert Barker

二、全景绘画在绘画中的地位

"全景绘画"是绘画史上发展中出现的一种很独特的绘画形式，因其巨大的感染力与震撼力被人们称为"世界奇观"。根据《泰晤士报》的报道，当《伦敦全景》（如图 1-3 所示）展现在伦敦观众面前时，观众倾城而出，蔚为轰动。这从一个侧面反映出全景绘画产生的影响是任何绘画所不具备的，与传统意义上的精英文化恰恰相反，它属于大众文化的范畴。但又不能说它的欣赏者的范围只是停留在普通的欣赏者层面，很多著名的绘画大师对它同样赞不绝口。

图1-3　伦敦全景

19世纪后期在海牙唯一幸存下来的全景画《史森尼根》，用写实的传统技法描绘了一个被沙丘、海滩和风平浪静的海洋包围着，风景如画的荷兰小渔村史森尼根。整幅画让人感到了一种久违的宁静，让心灵有了片刻的休息。参加开幕式的凡·高在给他弟弟的信中写道："我从没看到过如此精彩的油画。"并对作者曼斯达哥大为称赞，认为这是"完美无缺"的艺术。这绝非是出于一种客套的说法，而是对其艺术价值的高度评价。为了保证全景绘画这一大众文化形式中的艺术审美，其创作者大都是当时著名的艺术工作室，从而进一步奠定了作品在艺术史上不可动摇的地位。

三、全景绘画的主要表现手段

以现有阶段我们能够了解到的全景画大都是以传统的写实技法为主要表现手段，除了受其产生的时代背景影响之外，还与全景绘画要使观众产生身临其境的体验有关。画家们为了更为真切地表现现实生活中的形态与意趣，丰富全景绘画的那种真实感受的意境创作，在对现实生活作了精细的观察与研究之后，以巧妙的、经过主观锤炼的用笔加以描绘，布置画面，创造了代表大众文化杰出成就与标志的以写实技法为主要形式的全景绘画艺术体系。

全景绘画写实技法的创造发展的过程是一个由简而繁，由粗入精，由模拟自然进而强调自身风格，最终自成一体的发展过程。早期的全景绘画是其技法研究发展的关键阶段，也为我们理解、研究全景绘画以后的技法发展提供了许多重要线索。也就是说，如果没有早期写实技法奠定基础，全景绘画中与之相关的其他技法也无法产生了。

第二节 全景摄影

一、全景摄影的雏形

全景摄影是通过对拍摄的有关场景的一系列图片进行处理从而成像，这和最初的集锦摄影有着异曲同工之处。谈到全景摄影，我们不禁就会想起中国摄影史上一位伟大的摄影大师——郎静山。郎老在他多年的实践与创作中逐渐形成了自己的艺术风格，其代表的集锦摄影技术给以后追寻摄影艺术的人们打开了一扇新的大门。集锦摄影和全景摄影有怎样的联系呢？在20世纪30代，郎老创作的集锦摄影技法曾轰动世界，其手法犹如中国传统国画一般，重意而轻形。艺术家以其神奇的眼光挑选出可用的底片，借助"拼接"之法将其重新组合，最终加以成像。此法可将原本看似平淡无奇或不尽如人意的底片，加工成出神入化、极具视觉冲击力的优秀影像，这便是集锦摄影的神奇之处。在当时，郎老创作出许多气势宏伟的长卷之作，这些作品给后辈们带来了无尽的启发与想象。全景摄影和集锦摄影的相关之处就在于"拼接"。

摄影早期，由于受到许多技术方面的限制，我们在影像"拼接"上显得非常稚嫩。起初，人们往往是通过暗房技术将底片上的部分内容进行简单组合，从而形成新的影像。这些影像集合了原有底片的可取之处，同时画面内容相对丰富。随着技术水平的不断提高，摄影硬件也发生了很大的变化，而正是这些变化给摄影带来了无限的能量。首先是相机重要组成之一的镜头。摄影器材制造商们通过研究，将镜头设计得更加复杂，比如通过多个镜片的组合来完成一个镜头的光学作用。在随后设计出的各式各样的镜头中，就有这么一类镜头适合于全景摄影用。镜头制造技术的突破，使全景摄影一下子简单化了。在当时，摄影已经可以解决底片叠加的问题，可以采用广角或鱼眼镜头获取更大画面，但全景摄影的定义只不过是从一个小视角、小场景走向了一个相对大视角、大场景的过程，对于如何衔接所拍摄的影像，依然是一个难以解决的问题。

虽然人们从不断拓展的画面中感受到极大的震撼，但如何使画面趋于自然的视觉感受，才是摄影师以及所有摄影器材制造商们的共同目标。摄影器材制造商们加快了新产品的研发：比如移轴镜头、8mm镜头等等。有了这样一些硬件设备作为基础，摄影师们开始了更加有创意的摄影创造行为。当下，一些采用特定器材所创作的影像效果，已经成为一种专业的摄影语言纳入书本，传授给新摄影师。当然，这一切还停留在传统的胶片时代。

二、数字化影像合成技术中的全景摄影

进入数字时代，很难再用原有的思维来看待摄影的发展。相信所有和电子产业

相关的技术都发生了飞跃。在数字时代下，摄影最明显的发展有两个方面：其一，CCD、CMOS 等感光元件被运用在数字相机上。这对于传统胶片而言可谓一次飞跃。这些感光元件很好地取代了原先的胶片，而且有了存储卡、数模转换器等设备，使用者不用再担心由于长时间的摆放导致的胶卷失效，不用担心是选用 ISO100 还是 ISO400 的胶卷，也不用担心外拍时只带了 10 卷胶卷只能拍摄 360 张照片，更不用担心由于更换胶卷而错过了极佳的抓拍时机。类似这样的一系列问题，进入到数字时代都迎刃而解了。其二，计算机的发展给摄影注入了新的血液。在胶片时代里，人们还依靠着暗房技术，做着十分有限的后期工作。当一台双核电脑，加上一个 Photoshop 软件摆在你面前的时候，你会发现，你头脑中对影像的想象显得十分有限，因为计算机和软件可以帮你完成影像的修饰与创造，几乎是你能想到的一切可能，前提是你要有一个灵活的脑袋和一双灵巧的手。那么，在这样一个充满科技和梦想的时代环境下，对于全景摄影又当如何去考虑呢？

首先我们应该感谢德国的物理学、数学教授 Helmut Dersch 以及影像软件的生产商们。早在 1998 年，Helmut Dersch 就开发了一套经典的软件"PanoTools"，并做出了一整套解决全景图片拼接的软件算法，可惜这套伟大的软件只是一套程序代码库，本身没有易用图形界面。其后在影像软件工程师们不断的努力下，诞生了一系列高质量的实用性拼接软件。例如：PTgui、PTassembler、PTmac、Hugin、PanoPoints、PanoWizard、Photoshop 等等。同时我们应该感谢那些设备制造商们。我们可以使用鱼眼镜头，十分方便地拍摄两张图片，通过软件将其拼接为一个球状的 360 度影像，再通过某些预览软件进行观看。如果需要精度更高的影像，我们还可以借助全景云台，加长镜头焦距，增加拍摄数量，然后进行拼接。目前，随着网络技术的不断发展，运用该技术所创造的影像被广泛地应用在文物古迹再现、商品房销售宣传、旅游景点推广等方面。

三、全景摄影技术的展望

全景分为虚拟现实和 3D 实景。虚拟现实是通过参考现实场景，利用 Maya 等软件制作出来的模拟现实的场景；3D 实景是把通过相机拍摄出的照片经过特殊的拼合、处理，制作成可以使观赏者身临其境的照片。

目前，全景摄影运用数字相机、全景云台以及相关拼接软件，创作可交互式全景影像的技术已经十分成熟。另外还有一些厂商正在研究和生产更加智能更加精确的全景影像记录方式，三维激光扫描仪就是一个很好的产品。通过该设备，我们不但可以轻松地记录下整个物理环境下的影像，还可以精确地得到所对应物体的工程数据。不仅如此，还可以得到该环境的三维建模文件。试想，如果需要对一个复杂的环境进行全景影像采集，比如对一个钢管密布的工厂厂房建模，其工作量何等巨大。而运用三维激光扫描仪，只需要短短数分钟时间，就可以得到精细的全景影像文件、精确的模型文件以及相应的工程数据。这是影像记录发展史上一个重要的里程碑。

今后，全景摄影的发展又当如何？采用环幕的全景影像在 2010 年上海世博会上随处可见。这些气势宏伟的全景或大画幅影像，是采用投影仪进行多通道成像，再通过融合机进行画面融合，最终拼接而成的，给观者带来强烈的视觉冲击。该技术已经成为当今展览展示的一个主要手段。好莱坞著名导演詹姆斯·卡梅隆所执导的《阿凡达》影片，向我们展现了一个全新的影像技术概念——全息三维立体影像的记录与再现，这为当今影像创作者提供了新的启示和研究方向。当下影像记录的方式虽然已经可以实现三维记录，可以进行画面的无缝拼接，但再现的形式仍然停留在平面上。我们相信，发展全息三维立体影像的再现，必将成为未来影像发展的一个重要方面。通过该技术，我们将观看到更加逼真的场景，感受到更加强烈的真实感与沉浸感。借助这一科技手段，我们可以真正地将世界拉近，在某一个特定的空间范围内，人们可以去任何地方，感受那里的地理地貌、风土人情等。在不久的未来，这一技术将被普及，在中小学的实验室里，我们会感受到地理课独有的魅力；在科技馆里，我们可以通过该技术向世人展示我们的美好生活和未来。

第二章

全景拍摄详解

第一节　全景基础

一、定义

全景是指大于双眼正常有效视角（大约水平 90 度，垂直 70 度）或双眼余光视角（大约水平 180 度，垂直 90 度），乃至 360 度完整场景范围的照片。

二、分类

全景分为柱型全景、立方体全景、球型全景。

柱型全景顾名思义就是把空间想象成一个柱形，柱型全景是看不到顶底的，只能环视四周，由于只是平面图片的连接，没有透视矫正，因此浏览时缺乏立体感。柱型全景的实现相对来说是比较简单的。

立方体全景就是把空间想象成一个立方体，立方体全景由上下左右前后六张图片组成。立方体全景还没有直接的拼合工具，不过浏览起来速度是比较快的。Quicktime VR 的 360 度全景就是用立方体全景。

球型全景是把空间想象成一个球，球型全景是一张 2：1 的图片，水平方向 360 度，垂直方向 180 度。

三、实现方法

全景的实现其实有很多种方法，拍摄方面可以采用以下几种方案：

方案 1 Oneshot、线扫描和摇头机：已经过时，且拍摄效果较差。

方案 2 数码单反相机 + 鱼眼镜头 + 全景云台组合：推荐配置，拍摄及制作效率高，且质量不错，但成本偏高。

方案 3 普通相机或数码单反相机 + 普通镜头组合：备选配置，质量不错，成本较低，但拍摄复杂。

🐚 **提示：**用鱼眼镜头加单反相机制作的原因：

鱼眼镜头是一种超广角镜头，镜头视角达到或者超过 180 度。一个 360 度的全景图用鱼眼镜头来拍摄制作，只需要拍摄几张就可以了，加上使用了数百万像素的单反数码相机，可以轻易地将图像导入全景拼合软件，点击拼合按钮就能很方便地生成一张 360 度的高清晰全景图。

方案 2 是一种性价比很高的解决方案，而其他的生成方法有些清晰度极高但是成本也极高，还有一些快速方便、成本低廉但浏览效果不佳。

第二节　摄影基础

一、光圈

光圈是一个用来控制光线透过镜头，投射到感光面的光量的装置，它通常是在镜头内。光圈越大，进光量也就越大。表达光圈大小我们用光圈 F 值表示。光圈 F 值 = 镜头的焦距 ÷ 镜头口径的直径。光圈和光圈值成反比，也就是说光圈值越大，光圈越小。在全景摄影中，选择比较大的光圈值，也就是比较小的光圈，以便取得最好的景深。在室外一般选取 F9.0，或者更高，在室内，选取 F4.0-F5.6 这样一个范围。

二、快门

快门是相机中控制光线进入时间的装置，一般而言快门的时间范围越大越好。快门时间越长，进光量也就越大。秒数低适合拍运动中的物体，某款相机就强调快门最快能到 1/16000 秒，可轻松抓住急速移动的目标。不过当你要拍的是夜晚的车水马龙，快门时间就要拉长，常见照片中丝绢般的水流效果也要用慢速快门才能拍出来。我们在全景拍摄中力求清晰，而快门时间过长对图像清晰度很有影响，建议不要让快门时间超过 1/4s。

三、景深

在摄影过程中，当把镜头聚焦在某一个物体上时，会发现这个物体的前后一段距离内的景物也都相当清晰，这个清晰的范围称为景深。景深的实际例子如图 2-1、图 2-2、图 2-3 所示（引自色影无忌，请注意图片右下角信息中的 F 值，可以看出，F 值越大，照片就越清晰）。

Mamiya 645 Pro TL + A 150/2.8 @ f/5.6, 1/30s, Agfa RSX II

图 2-1　F 值为 5.6 的照片

Mamiya 645 Pro TL + A 150/2.8 @ f/11, 1/8s, Agfa RSX II

图 2-2　F 值为 11 的照片

Mamiya 645 Pro TL + A 150/2.8 @ f/22, 1/2s, Agfa RSX II

图 2-3　F 值为 22 的照片

图 2-4 详细说明了摄影光学中几个重要概念的关系，由此可以直观了解到景深的含义，图像中只有近点和远点之内的物体可以清晰成像，而在这个范围之外的物体看起来都是模糊的，因此在拍摄全景的时候就要求景深尽可能的大，这样图像的清晰度才能得到保证。建议在光线充足的情况下拍摄全景时使用 F9.0 的光圈值，以取得足够的景深（光圈值并不是越大越好，对于一般的鱼眼镜头，F9.0 是一个能取得最佳成像质量的光圈值）。

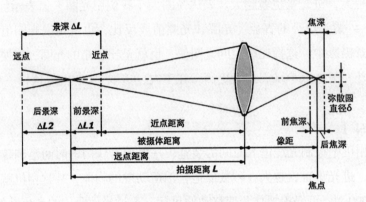

图 2-4　摄影光学中几个重要概念的关系

决定景深的首要因素当然是光圈，光圈越大景深也就越小（由于光圈值和光圈的反比关系，因此我们还可以说光圈值越大景深也就越大）。如图 2-5 所示。

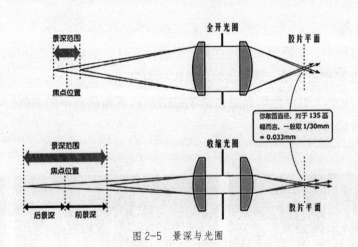

图 2-5　景深与光圈

四、白平衡

不同环境下光线的状况都不相同，这种差异会对图片的色调产生影响。如果我们能让白色物体在图像中也准确地被拍为白色，那么其他颜色也就准确了。这个配合光线色温、控制色调的过程就称为调节白平衡。在有自然光的情况下，可以设置相机的白平衡为自动，一般就可以准确反映环境中的色彩。在特殊的光线条件下，也有很多对应的白平衡设置可以选择。当然，也可以自行设定色温值来手动调节白平衡。

五、色温的概念

为了表示不同色彩的光线，就有了色温的概念，其单位是 K。

六、ISO 感光度

ISO 是表示感光能力，ISO 越高，成像也就越亮。

第三节　硬件设备

一、数码单反相机

从理论上来说，数码单反相机和传统单反相机都可以使用，但是使用数码单反相机得到的影像文件可以直接使用，而传统相机需要使用胶卷，拍摄之后要冲洗和扫描，因此推荐使用数码相机。例如 Nikon 的 D810、D610，Canon 的 EOS5D、80D 和 1DS 等相机（如图 2-6、图 2-7 所示）。

图 2-6　NikonD7500

图 2-7　Canon800D

数码相机由于其感光面（CCD 或 CMOS）的尺寸随相机不同而不同，其镜头的焦距总是以 135 胶片相机的镜头作为参照的（135 相机的感光面是固定不变的）。以相机镜头的真实焦距是难以比较不同相机的拍摄范围的，因此都换算为 135 相机的镜头焦距值，得到的就是等效焦距。

135 胶片相机都是使用图 2-8 所示的 35mm 胶片，而数码相机的 CCD/CMOS 尺寸往往都相对较小。配合同样的镜头，数码相机的视角要比 135 相机小，视角的减小可以等同于焦距的增长（视角和焦距成反比）。

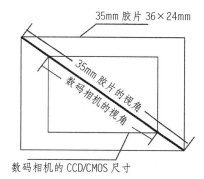

图 2-8　35mm 胶片

有这样一个简单的方法计算数码相机的变焦系数。例如 Nikon D40 的 CCD 尺寸为 23.7×15.6 mm（这个尺寸可以从相机参数中获得），用 35mm 胶片的成像面的宽 36mm 除以 Nikon D40 的 CCD 的宽 23.7mm，得到的值就是变焦系数 1.5。当我们把 8mm 的鱼眼镜头加在 Nikon D40 上时，这个鱼眼镜头的等效焦距就是 8×1.5=12mm。

Nikon 数码单反相机的变焦系数大多在 1.5，而 Canon 的 EOS 系列大多为 1.6。

二、鱼眼镜头

鱼眼镜头是一种超广角镜头，一般的定义是视角达到 180 度的镜头就称之为鱼眼镜头。在 135 画幅的相机上，16mm 的镜头就可以达到 180 度的视角，因此长久以来把焦距 16mm 以下的镜头都称为鱼眼镜头。

由于前面所说到的数码相机等效焦距的问题，16mm 的镜头与数码相机配合使用时视角可能已经没法达到 180 度了，实际的视角要看数码相机 CCD/CMOS 的大小。

图 2-9、图 2-10 所示的两款鱼眼镜头就是我们推荐的设备——Nikkor 10.5mm 和 Canon 8-15mm 镜头。

图 2-9　Nikkor 10.5mm　　　　　　　　图 2-10　Canon 8-15mm

在 Nikon 或者 Canon 的数码相机上，这两款镜头的等效焦距大约为 16mm 和 12mm（请参考前面所说的等效焦距问题）。

不同的焦距拍摄得到的图像也是截然不同的，例如以下几种不同的鱼眼图（如表 2-1 所示）。

圆形鱼眼（Circle）：能够得到圆形鱼眼图的设备有全画幅数码单反相机或者胶片单反相机加 8mm 鱼眼镜头，以及可以搭配鱼眼附加镜的家用数码相机。前者价格昂贵，后者成像质量不佳且很难购买。虽然圆形鱼眼只需要两到三张即可制作全景图，但是我们现在并不推荐。

续表

	鼓形鱼眼（Drum）:这是 Sigma 8mm 鱼眼与 Nikon 以及 Canon（除 1DS MarkII 和 5D）数码单反相机搭配后得到的鱼眼图,由于两边被切,形似鼓形,被称之为鼓形鱼眼。使用这样的鱼眼图制作全景只需要四张即可,图像质量也可以得到保证。
	全帧鱼眼（Full Frame）:这是 Nikkor 10.5mm 鱼眼与 Nikon 以及 Canon（除 1DS MarkII 和 5D）数码单反相机搭配后得到的鱼眼图,由于图像充满整个画面,所以称之为全帧鱼眼。使用这样的鱼眼图制作全景需要 8 张,拍摄和制作都会麻烦　些,但是图像的质量可以更好。这虽然不是我们首先推荐的设备组合,但也是值得考虑的。

表 2-1　几种鱼眼镜头介绍

三、普通镜头及卡片相机

　　普通镜头是指与数码单反相机联合使用的镜头,焦距在 16mm 以上。卡片相机是指 Nikon CoolPix 及 Canon IXUS 等系列的消费级相机。但不论哪一种镜头,他们的成像角度都是由其本身的焦距来决定的（如图 2-11、2-12、2-13 所示）。

图 2-11　17mm 镜头 +Nikon D200 拍摄的效果。成像角度：49.8 度

图 2-12　24mm 镜头 +Nikon D200 拍摄的效果。成像角度：36.4 度

图 2-13　35mm 镜头 +Nikon D200 拍摄的效果。成像角度：25.4 度

四、全景云台

简单地说，云台就是承载相机等拍摄设备的一个装置，全景云台则是专门为拍摄全景而用的云台。全景云台的关键作用就在于将镜头节点固定在了云台的旋转轴心上，这样就可以保证在旋转相机拍摄的时候每张图像都是在一个点上拍摄，拼合的全景图就会很完美。

节点就是镜头中光线汇聚的一点，光线由此处发散投射到成像面。如果能保证镜头节点位置不变，也就能保证镜头是在同一点进行拍摄。这对全景拍摄有着重要影响，也只有在同一点进行拍摄才能保证全景拼合的完美。

首先可以肯定的是节点是在镜头的中心，如图 2-14 所示镜头前视图的圆心处（十字交叉处），其次我们还需要知道节点离镜头顶端有多少距离。例如 Sigma 8mm 的节点就在镜头的金属线附近，如图 2-15 所示。

图 2-14　确定镜头中心　　　　　　图 2-15　确定节点离镜头的距离

常见的几种全景云台（如图 2-16、2-17、2-18 所示）：

图 2-16　JTS-Rotator SPH　　　图 2-17　Manfrotto 303SPH　　　图 2-18　Agnos MrotatorT

五、三脚架

由于需要保证节点位置的不变，全景拍摄对稳定性的要求非常高，因此，一个稳定的三脚架也很重要。建议选择有一定重量且材料强度较高的三脚架。

第四节　拍摄流程

一、组装硬件设备

组装硬件设备的步骤，如图 2-19~2-22 所示。其中，图 2-22SPH 云台的结构中各个旋钮的介绍如下：

A：为相机与滑块固定的旋钮

B：为相机水平移动的控制旋钮（如图 2-22 红色箭头指示）

C：为垂直方向的旋转轴

D：为相机拍摄顶底时控制垂直旋转轴的旋钮

图 2-19　安装时先将底座转台安装在三脚架上

图 2-20　再将支架安装在底座上

图 2-21　装上相机

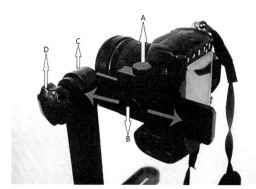

图 2-22　JTS_Rotator SPH 云台的结构

（一）节点位置的调节

下面以 JTS-Rotator SPH 全景云台为例，说明一下如何调节节点位置。

首先，如图 2-23 第一幅图所示，通过相机取景器调整其内置的中心对焦点与底部旋转的轴点在同一垂直直钱上。

其次，如图 2-23 第二幅图所示，将相机置于水平，从侧面，将其镜头上所示的"金线"与底部旋转的轴点在同一垂直直线上。

最后，如图 2-23 第三幅图所示，将箭头处的螺丝松开后，可以移动此处支架调节相机左右位置。还可以，如图 2-23 第四幅图所示，将箭头处的螺丝松开后，移动此处支架调节相机前后位置。

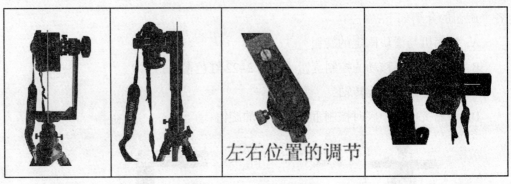

图 2-23　节点位置的调节

（二）简单的调节方法

1. 左右位置调节

首先，如图 2-24 第一幅图所示，把相机放到如上位置。

其次，如图 2-24 第二幅图所示，从取景器里面我们可以看到对焦区的矩形框，以底座螺丝为基准，移动支架 A，让中间的矩形框正好框住底座螺丝。这样子相机左右位置就可以确定下来了。

图 2-24　左右位置的简单调节

2. 前后位置调节

根据实际经验，Sigma 8mm 和 Nikkor 10.5mm 的节点在镜头前端附近的金属线处。相机位置可参考图 2-25。

图 2-25　前后位置的简单调节

二、调整相机参数

拍摄前需要调整的主要参数（如表 2-2 所示）（以 Nikon D80 相机为例，其他相机请参考其说明书）。

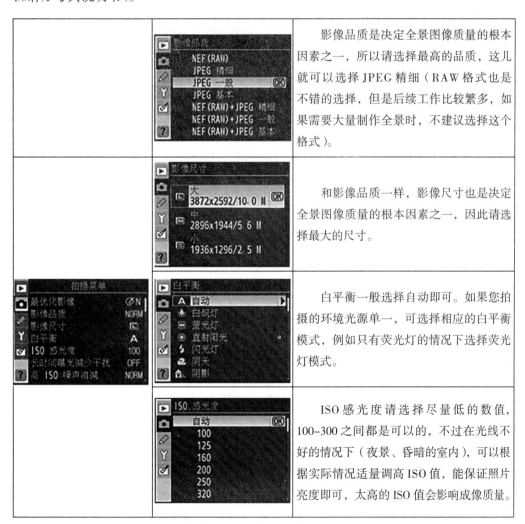

	影像品质 NEF(RAW) JPEG 精细 JPEG 一般 JPEG 基本 NEF(RAW)+JPEG 精细 NEF(RAW)+JPEG 一般 NEF(RAW)+JPEG 基本	影像品质是决定全景图像质量的根本因素之一，所以请选择最高的品质，这儿就可以选择 JPEG 精细（RAW 格式也是不错的选择，但是后续工作比较繁多，如果需要大量制作全景时，不建议选择这个格式）。
	影像尺寸 大 3872x2592/10.0 M 中 2896x1944/5.6 M 小 1936x1296/2.5 M	和影像品质一样，影像尺寸也是决定全景图像质量的根本因素之一，因此请选择最大的尺寸。
拍摄菜单 最优化影像　⊘N 影像品质　NORM 影像尺寸　L 白平衡　A ISO 感光度　100 长时间曝光减少干扰　OFF 高 ISO 噪声消减　NORM	白平衡 A 自动 白炽灯 荧光灯 直射阳光 闪光灯 阴天 阴影	白平衡一般选择自动即可。如果您拍摄的环境光源单一，可选择相应的白平衡模式，例如只有荧光灯的情况下选择荧光灯模式。
	ISO 感光度 自动 100 125 160 200 250 320	ISO 感光度请选择尽量低的数值，100-300 之间都是可以的，不过在光线不好的情况下（夜景、昏暗的室内），可以根据实际情况适量调高 ISO 值，能保证照片亮度即可，太高的 ISO 值会影响成像质量。

表 2-2　拍摄前需要调整的主要参数

（一）RAW 格式

简单地说，RAW 格式就是从影像传感器中得到的最原始的信息，换句话说就是数字底片。这种格式的好处是影像质量最高，很多参数可以后期调整（例如白平衡）。但是这种格式并不是所有的软件都支持，实际使用中我们还是要通过相机的自带转换软件或者 Photoshop 进行转换，生成其他格式的图片。

图 2-26 相机设置

（二）设置光圈值和快门值

对于不能准确判断光圈和快门的初学者，请先选择 A（光圈优先）模式，根据所处环境选择适当的光圈值（空旷且光线较好的环境建议选择 F9.0，范围不大或光线不好的环境可选择 F4-F5.6 之间的值），半按开关处的快门，相机会自动得出一个快门值。记住在 A 模式下得到的快门值和光圈值，转到 M 模式，调节到这个快门值和光圈值，然后按下快门拍摄，如果效果令人满意，就可以开始拍摄了，如果过亮或者过暗，可以调整快门值来取得合适的曝光。

（三）拍摄模式

所有单反相机都会有如下四种基本的拍摄模式：

M 模式（手动模式），这是完全由拍摄者控制的一种模式，所有的曝光参数都是人为设定。

P 模式（自动模式），和 M 模式正好相反，所有的曝光参数都是相机控制。

A 模式（光圈优先模式），可以说是一种半自动模式，光圈由拍摄者决定，而快门则由相机根据环境光线自动判断。

S 模式（快门优先模式），和 A 模式正好相反，快门由拍摄者决定，而光圈值则是相机根据实际情况自动设置。

除了以上的拍摄参数和曝光参数，对焦也很重要。所谓对焦，其实就是一个确定被摄体距离的过程。对焦在一般摄影中需要根据拍摄者的意愿进行调节，但在全景摄影中则不尽然。鱼眼镜头的景深是可以达到无穷远的，而拍摄全景也恰恰需要这样的效果，因此我们建议拍摄时不需要过多考虑对焦，只要将对焦方式设为手动，并将对焦距离设置在 1m 处（如果周围比较空旷，设置在无穷远也可以），这样就可以保证整个图像的准确合焦。如果我们将对焦方式设为自动，虽然比较省事，但是会在拍摄过程中因为选择的对焦点不适宜而导致图片的模糊（如图 2-27 所示）。

图 2-27　拍摄对焦

三、鱼眼拍摄

安装调节好相机之后即可开始全景拍摄。以 Nikon D200+Sigma 8mm+ 新版 JTS-Rotator SPH 云台为例，这套设备得到的图片是鼓形鱼眼图，需要水平顺时针拍摄 4 张，也可以加上天地（如图 2-28 所示）。

以 Nikon D200+Sigma 8mm 为例

1.云台安装完成后，通过图中红色所标记的转轴转动云台，以90度为间隔进行全景拍摄，拍摄四张即可。

2.转轴的三个旋钮下方有一条白色标识线，可对旋转角度进行精确控制。

拍底

拍顶

3.如需拍摄顶或底时，只需如图示操作进行云台的转动即可。其中需要注意的是，顶或底的光线与水平方向的亮度不一，可能需要根据具体情况对曝光进行调整。

图 2-28　鱼眼拍摄

若以 Nikon D50+Nikkor 10.5mm 镜头 + 新版 JTS–Rotator SPH 为例，这套设备得到的是全帧鱼眼图，需要水平拍摄 6 张，并加上天地即可。

四、普通镜头及相机拍摄

在使用普通镜头及卡片相机拍摄多行时，相机节点的调节方式不变，但需注意垂直与水平的成像角度。进而计算出在个别垂直角度下需要拍摄水平方向的不同张数（具体计算方式请参看软件帮助说明）。

以 18mm 镜头为例，需要水平 0 度：8 张，+/–37 度：7 张，+/–70 度：4 张。

首先，如下图 2-29 中的第一幅图，通过云台将相机调整至水平 0 度后，每 45 度（360/8）拍摄一张即可。

然后，如下图 2-29 中的第二幅图，通过云台将相机调整至 +/–37 度，每 55 度（360/7）拍摄一张即可，再调整至 +/–70 度，每 90 度（360/4）一张即可。

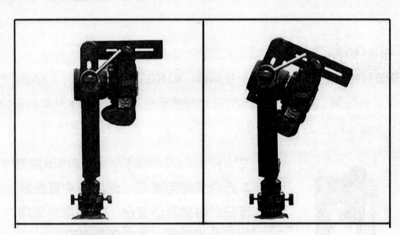

图 2-29　普通镜头拍摄

五、斜拍底图

第一步，拍摄水平照片

水平方向上，将云台顺时针转每 60 度拍摄一张，一共拍摄 6 张。

第二步，拍摄"真底"

垂直方向，在水平最后一张拍摄处，将相机垂直向上翻转 90 度，拍摄顶图。再将相机垂直向下翻转 90 度，拍摄底图（如图 2-30 中的第一幅图）。垂直向下拍摄的底图，我们称之为"真底"。

第三步，拍摄"假底"

"真底"拍完之后，将整个机位向后移动一个三脚架区域（大概一米）。注意移动后的三脚架底部区域不能与移动前的区域重合（图 2-30 中的第二幅图）。

再将云台横轴向下倾斜 60 度补拍一张地面。补拍的这张地面，我们称之为"假底"（图 2-30 中的第三幅图：注意向下 60 度时云台的刻度显示为 30）。

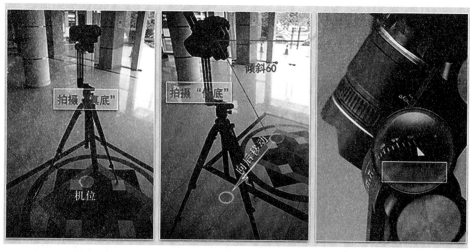

图 2-30 斜拍底图

🐚 **重要提示：**

1. "假底"拍摄时一定要用手动对焦，否则可能云台和三脚架部位清晰，而导致地面虚化模糊。

2. 后期处理需要在"真底"和"假底"上插入匹配点，为了能更轻松地插点，建议拍摄的时候在地面上做一些比较容易辨识的标记，例如树枝、青草、花瓣、小石子、硬币、粉笔迹等。

第三章
造景师操作方法

随着电子商务的日益普及和在线房地产展示、虚拟旅游、虚拟物体展示等不断发展，人们已经不仅仅满足于简单的文字介绍和图形展示，而是对其交互性和真实性有了更高的要求。上海杰图软件技术有限公司推出了由"三维全景展示制作系统——造景师""三维物体展示制作系统——造型师"和"虚拟漫游展示制作系统——漫游大师"三款软件组成的杰图虚拟现实软件系列，提供了一整套全面的图形化电子商务解决方案，非常好地满足了上述需求，给电子商务现实化注入了新的活力。

第一节　造景师简介

一、基本配置

（一）运行造景师基本配置要求

> 操作系统

*Microsoft Windows 7、8 以及微软后续 Windows 操作系统。

> 硬件要求

*CPU:Core i3 或以上。

* 内存 :2G 或以上。

* 安装网卡或 Modem。

* 显卡以独立显卡为佳，推荐 ATI 或 NVIDIA（显存越高，拼合速度提升越明显，推荐显存 2G 或以上）。

* 系统磁盘可用空间至少 10G 或以上（如果拼合的图像较大,请预留更多剩余空间）。

* 需安装加密狗。

> 其他要求

OpenGL 版本 1.2 或更高。

拼合 6000×3000 以上全景图或进行合成 HDR 操作，推荐使用 2G 以上内存。

（二）观看全景系统基本配置要求

> 操作系统

*Microsoft Windows 7、8 或 Mac OSX 10.7、10.8、10.9。

* 系统需安装 TCP/IP 协议。

* 需安装加密狗驱动程序。

> 硬件要求

处理器：

PC 机：Core i3 或以上。

Mac OSX：i5 或以上。

内存：2G 或以上。

显示器分辨率：800×600 分辨率或以上；16-bit 及以上显示模式。

> 便携设备

iPad　iPhone　iTouch

安卓 2.2 以上操作系统的移动便捷设备（需支持 Flash）。

> 其他要求

*Microsoft 的 IE10.0 或更高版本、Chrome31 或更高版本、Safari5.0 或更高版本的浏览器。

* 如果全景图发布格式为 QTVR 时，需要安装 Apple 的 QuickTime 7.0 或以上的版本。

* 如果全景图发布格式为 Flash 时，需要安装 Flash11 或以上的版本。

二、安装造景师企业版

* 安装时建议关闭其他所有应用程序窗口。

* 双击打开安装程序。

（1）出现图 3-1 所示窗口后，点击【下一步】进入授权合约窗口：

图 3-1　安装程序欢迎界面

（2）接受条款，然后按【下一步】继续安装（如图 3-2 所示）：

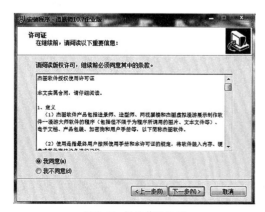

图 3-2　授予使用许可

（3）选择合适的安装路径，安装路径中不能出现中文。然后点击【下一步】继续安装造景师（如图 3-3 所示）：

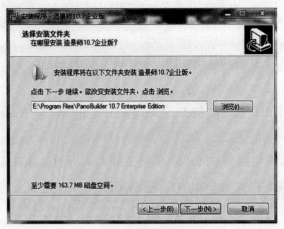

图 3-3 选择安装路径

（4）选择快捷方式所在的开始菜单文件夹（如图 3-4 所示）：

图 3-4 在开始菜单下创建快捷方式

（5）选择是否创建桌面图标，点击【下一步】继续（如图 3-5 所示）：

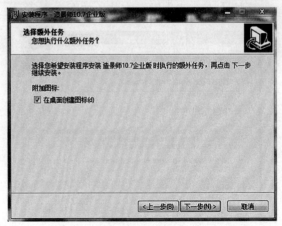

图 3-5 选择是否在桌面创建快捷方式

（6）点击安装（如图3-6所示）：

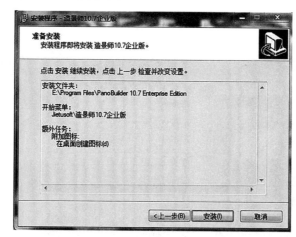

图 3-6　进行安装

（7）显示安装过程（如图3-7所示）：

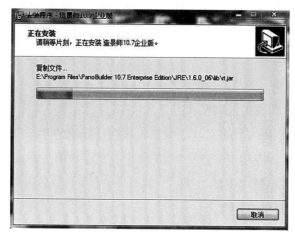

图 3-7　显示安装进度

（8）安装完成后显示如图3-8所示界面：

图 3-8　安装完成界面

（9）请根据所购软件配备的加密狗类型（USB 狗或者并口狗），选择相应的驱动程序进行安装（如图 3-9 所示）：

图 3-9　加密狗驱动程序安装

关于加密狗

（1）USB 和并口狗有何区别？

*USB 狗插在计算机的 USB 口上，并口狗插在计算机的并行口上，即打印机口上。

*并口狗比 USB 狗应用更广泛。WIINT4.0 不支持 USB，Windows 950S2.5 及以后版本的 Windows 操作系统可支持 USB。

*USB 狗比并口狗稳定性高。

（2）并口狗和 USB 狗是否只在安装时才需插在并行口上或者 USB 口上？

* 不是。软件在运行过程中加密狗都必须插在对应的接口上。

（3）能否带电插拔狗？

* 并口狗尽量避免带电插拔，这样会造成并口狗的损坏。

*USB 狗属于即插即用设备，可带电插拔。

三、卸载造景师企业版

有两种方法卸载造景师：

（1）开始 > 程序 >jietusoft> 卸载造景师。

（2）在控制面板的添加或删除程序中卸载。

第二节　造景师基本功能

【+】支持自动去除三脚架功能

【+】支持在场景中添加热点功能

【+】支持 html5 发布格式

【+】支持自定义控制按钮

【+】支持百度地图

【+】支持添加背景音乐

【+】支持 HDR 功能

【+】支持完美补地功能

【+】支持蒙板功能

【+】支持小行星特效

【+】支持陀螺仪效果

【+】支持全景图一键上传功能

【+】支持在全景图的 EXIF 信息中可以写入经纬度及指北方向

【+】支持标准化转换工具

【+】支持 PC、手机、平板电脑等多平台浏览

【+】拼合过程支持 GPU 加速

【+】支持小行星保存格式

【+】允许用户自定义临时文件位置

【+】批处理支持文件夹导入，支持包围曝光批量处理

【+】保存的工程文件新增蒙板、热点、顶底标志和全景图信息

【+】Flash 格式新增"静止 n 秒后重新开始播放"

【+】html5 格式工具栏新增陀螺仪开关按钮

【+】html5 格式支持 IE10 和 Chrome21 以上版本

第三节　造景师工作区

造景师的用户界面主要包括如下 5 个部分：菜单栏、工具栏、图像显示和操作区、面板以及状态栏（如图 3-10 所示）。

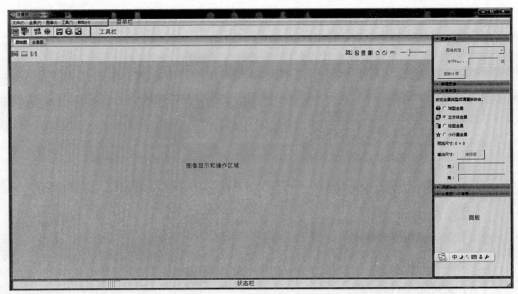

图 3-10　造景师的用户界面

一、工具栏

1.拼合全景图模式（如图 3-11 所示）

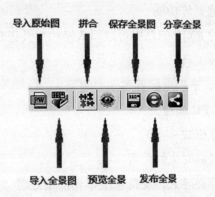

图 3-11　拼合全景图模式工具栏按钮功能说明

2.编辑全景图模式（如图 3-12 所示）

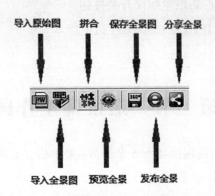

图 3-12　编辑全景图模式工具栏按钮功能说明

二、菜单栏

本部分主要介绍造景师普通照片模块的菜单命令和相关快捷键。

1. 文件菜单（如表 3-1 所示）

文件菜单	功能描述	快捷键
导入原始图	导入拍摄的原始图片	Ctrl + N
导入全景图	导入拼合完成的全景图	Ctrl + I
打开工程	打开现有工程	Ctrl + O
关闭工程	关闭当前工程	Ctrl + C
保存工程	保存当前工程	Ctrl + E
工程另存为	用其他名称保存当前工程	
退出	退出造景师	

表 3-1　文件菜单功能说明及快捷键

2. 工具菜单（如表 3-2 所示）

工具菜单	功能描述
语言	选择软件界面语言
批处理	对照片进行批量处理，可以是批量拼合、批量发布等等
合成 HDR 图像	将拼合后的全景图处理成 HDR 图像
高级设置	高级设置

表 3-2　工具菜单功能说明

3. 帮助菜单（如表 3-3 所示）

帮助菜单	功能描述	快捷键
帮助主题	打开造景师普通照片模块的帮助文档	F1
www.jietusoft.com	访问杰图公司网站	
关于造景师	造景师的版本及版权信息	

表 3-3　帮助菜单功能说明及快捷键

4. 导入原始图菜单分类（不同操作类别菜单不同）

（1）全景菜单（如表 3-4 所示）

全景菜单	功能描述	快捷键
拼合	拼合全景图	Ctrl + F5
使用已保存的参数拼合	选择现有参数拼合	
保存拼合参数	拼合后保存和命名拼合参数	Ctrl + W
管理拼合参数	调整拼合参数	
预览	进入全景浏览模式观看拼合效果	Ctrl + R
保存全景图	保存当前拼合的全景图	Ctrl + S
发布全景	将拼合结果发布为网页资源	Ctrl + R
分享全景	分享全景图到 city8	

表 3-4　导入原始图全景菜单功能说明及快捷键

（2）图像菜单（如表 3-5 所示）

图像菜单		功能描述	快捷键
视图	放大	放大图片	Ctrl + +
	缩小	缩小图片	Ctrl + −
	符合视口	根据窗口大小用适当的百分比显示图片	Ctrl + 0
旋转	顺时针 90 度	顺时针 90 度	
	逆时针 90 度	逆时针 90 度	
	180	180 度旋转	

表 3-5　导入原始图图像菜单功能说明及快捷键

5. 导入全景图菜单分类（不同操作类别菜单不同）

（1）全景菜单（如表 3-6 所示）

全景菜单	功能描述	快捷键
球立转换	球型全景和立方体全景的互相转换	Ctrl + F9
球转小行星效果	球型全景转换为小行星效果	
预览	进入全景浏览模式观看拼合效果	Ctrl + R
保存全景图	保存当前拼合的全景图	Ctrl + S
发布全景	将拼合结果发布为网页资源	Ctrl + R
分享全景	分享全景图到 city8	

表 3-6　导入全景图全景菜单功能说明及快捷键

（2）图像菜单（如表3-7所示）

图像菜单		功能描述	快捷键
视图	放大	放大图片	Ctrl + +
	缩小	缩小图片	Ctrl + −
	符合视口	根据窗口大小用适当的百分比显示图片	Ctrl + 0
移除三脚架		转换为立方体全景并去三脚架	

表 3-7　导入全景图图像菜单功能说明及快捷键

注意：下拉菜单中的一些功能可以直接通过工具栏按钮实现。

三、图像显示和操作区

图像显示和操作区用来显示选中的平面图或者全景图。在这个部分可以对图像做一些诸如缩放、旋转或者编辑的操作。

（一）原图标签

1. 缩略视图

原图标签的缩略视图如图 3-13 所示。

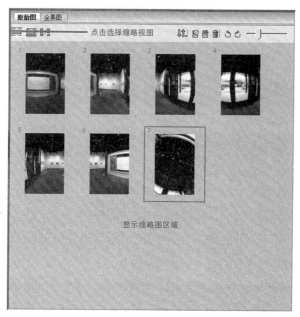

图 3-13　原图标签的缩略视图

功能描述：

⬇⬆：将图片按照一定的顺序排列（名称、日期、加载顺序）。拼合时将参考这个顺序。

: 将选择的图片从拼合过程中去除。

: 在当前工程中加入更多的图片

: 删除选择的图片

: 逆时针 90 度旋转选择的图片

: 顺时针 90 度旋转选择的图片

: 缩略图的大小。单张缩略图的尺寸范围是：$75 \times 75 \sim 290 \times 290$，默认为 120×120。

提示：第一次的缩略图尺寸采用默认大小。选择图片拖动可以改变图像位置。

2. 可编辑视图

原图标签的可编辑视图如图 3-14 所示。

图 3-14 原图标签的可编辑视图

功能描述：

100% ：设定图像显示比例，范围在 3%-800%。

最佳视图：根据窗口大小用适当的比例显示图片。

导航图：显示图像显示区中图片的缩略图，拖动红色框浏览图片。

（1）如何放大或缩小图片？

① 使用菜单中图像 > 视图 > 放大 / 缩小。

② 点击 100% ，选择下拉列表中的缩放尺寸。

③ 将鼠标置于 100% 上，滚动鼠标滚轮进行缩放。

④ 双击 100% 中的数字，修改并回车。

（2）如何在图像显示区移动图像？

拖动导航图中的方框，图像显示区中的图像位置也会同时发生改变。

3.匹配点编辑视图（如图 3-15 所示）

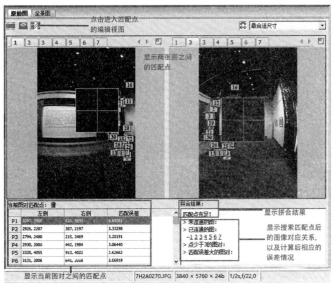

图 3-15　匹配点编辑视图

功能描述：

🎧 / 🎧：自动寻找匹配点 / 取消自动匹配。自动匹配点功能可以在你确定一个匹配点后，自动将鼠标移动到相邻图片的相应位置，匹配点匹配情况如图 3-16 所示。

100% ▾：图片显示比例。

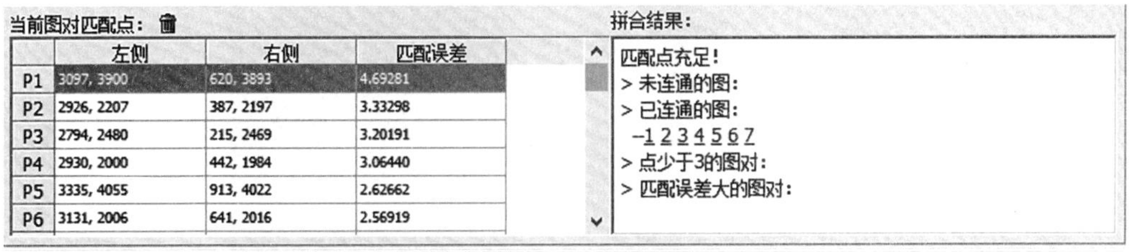

当前图对匹配点：🗑				拼合结果：
	左侧	右侧	匹配误差	匹配点充足！
P1	3097, 3900	620, 3893	4.69281	> 未连通的图：
P2	2926, 2207	387, 2197	3.33298	> 已连通的图：
P3	2794, 2480	215, 2469	3.20191	－1 2 3 4 5 6 7
P4	2930, 2000	442, 1984	3.06440	> 点少于3的图对：
P5	3335, 4055	913, 4022	2.62662	> 匹配误差大的图对：
P6	3131, 2006	641, 2016	2.56919	

图 3-16　匹配点匹配情况

🔊 **提示**：点击左边的图片标签时，标签文字会标记为黑色，而右边相邻的图片标签都会标记为红色。

💡 **注意**：如果匹配点列表总的匹配点被标记为红色，这意味着两个匹配点之间的距离较大，拼合之前要删除这对匹配点。如果有效匹配点数少于三个，需要人工插入匹配点。

（二）全景图标签

1.平面视图

全景图标签的平面视图如图 3-17 所示。

图 3-17 全景图标签的平面视图

功能描述：浏览全景图拼接效果。

最佳视图：根据窗口大小用最合适的比例显示图片。

2. 透视视图

全景图标签的透视视图如图 3-18 所示。

图 3-18 全景图标签的透视视图

💡 **注意：**

（1）选择菜单 > 预览或者点击预览按钮 👁 ，可以预览全景。

（2）支持预览球型、立方体和柱型全景。

四、面板

（一）图像类型

在此面板设置图像类型，图像类型和 HORFOV 的值根据 EXIF 信息计算得到。

详细信息请参考设置图像类型（如图 3-19 所示）。

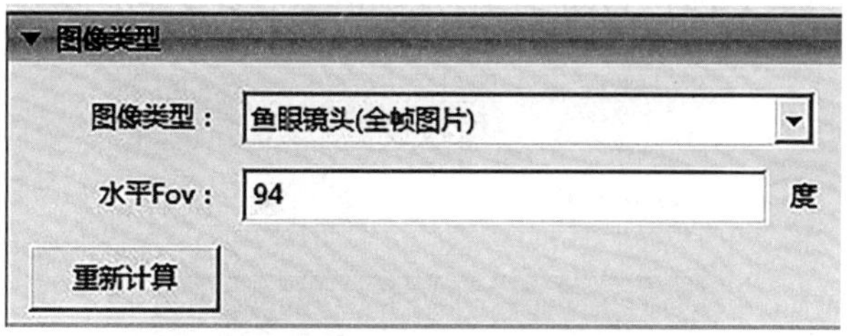

图 3-19　图像类型面板

（二）编辑图像

在此面板编辑原始图像。详细信息请参考设置编辑图像（如图 3-20 所示）。

图 3-20　编辑图像面板

（三）全景类型

在此面板设置所要拼合的全景图的类型和大小（如图 3-21 所示）。

图 3-21　全景类型面板

（四）顶底图

在此可以添加或者移除顶底标志图。详细信息请参考添加 Logo（如图 3-22 所示）。

图 3-22　顶底标志面板

（五）全景 EXIF

在此可以设置图像的经纬度和方向。详细信息请参考设置全景 EXIF（如图 3-23 所示）。

图 3-23　全景 EXIF 面板

五、状态栏

显示当前的工作状态，包括当前编辑的文件名、文件大小等相关信息（如图 3-24 所示）。

图 3-24　状态栏

第四节　造景师基本操作

一、导入图像

选择【文件】>【新建工程】或者点击按钮![按钮]导入原始平面图。最后点击【打开】:

（1）选择文件格式（.jpg，.tiff，.bmp，.png）

（2）从文件列表中选择图像

（3）点击打开

文件的类型

造景师支持导入表3-8所示格式:

类型	
JPEG（*. jpeg; *. jpg）	
Portable Network Graphics（*. png）	8bit
Tiff Image Format（*. tiff; *. tif）	8bit
Windows Bitmap（*. bmp）; Pict for Macintosh（*. pict）	
All Image Format	

表 3-8　造型师支持的中文类型

预览:

选择预览可以在导入之前预览图片。

💡**注意**: 立方体全景需要6张正方形的图片。这些图片可以通过建模软件或者拼合立方体全景得到。导入的顺序必须是前→右→后→左→上→下（如图3-25所示）:

图 3-25　立方体全景的导入顺序

二、拼合全景图

（一）拼合参数设置

1.设置图像类型（如图3-26所示）

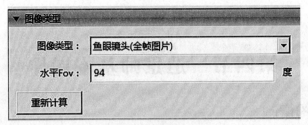

图 3-26　图像类型面板

基本步骤：

（1）选择相机和镜头参数的计算方式。软件会自动判断拍摄照片类型，也可以根据照片外观判断图像类型来手动修改，水平视角会随之改变。

（2）图像类型：显示或者设置图像类型，包括整圆、鼓形、全帧和广角／普通图像。

（3）水平视角：显示或者设置水平视角。默认的水平视角随着不同的图像类型改变。

（4）重新计算，使软件重新自动判断所拍摄照片类型。

2. 使用匹配点面板

在原始图标签中的可编辑状态下，可以在这个面板中看见相邻图片之间的匹配点参数。关于插入匹配点请参考插入匹配点（如图 3-27 所示）。

	左侧	右侧	匹配误差
P1	2099, 2065	272, 2088	0.41343
P2	1972, 2269	164, 2302	1.04555
P3	1966, 1714	165, 1716	0.97485
P4	2193, 2172	371, 2194	0.35662
P5	2048, 2280	239, 2311	0.66439
P6	2008, 2116	188, 2144	0.34355

当前图对匹配点：

匹配信息：(按Ctrl + 键盘上的箭头键移动1个像素；直接按箭头键移动5个像素。)

> 匹配点充足！
> 未连通的图：
> 已连通的图：
> ---1 2 6 7 3 4 5
> 点少于3的图对：
> 匹配误差大的图对：

图 3-27　拼合后匹配点的情况

（1）匹配点表。

显示当前图像对之间的匹配点。详细操作请参考插入匹配点。

（2）显示拼合参数计算结果。

有两种提示告诉你拼合之后该怎么做：

* 拼合失败。可能是如下原因：①存在孤立图片；②图像对之间的匹配点存在错误或者少于三对。请在调整匹配点之后重新拼合。

* 足够的匹配点。此时图片已拼合成功。

（3）搜索匹配点并分析后列出图像对之间的相邻关系。

点击其中的数字链接，对应的图像就会显示左侧的区域：

＊孤立图片：与其他图片之间完全没有匹配点的图片。

＊图片之间有匹配点。

＊少于三对匹配点的图像对：列出所有少于三对匹配点的图像对。在这种情况下，您需要手动添加一些匹配点。如果图像对之间的匹配点等于或大于三个，那么这个图像对就会显示在相邻图片列表中。

🪨 提示：

（1）当匹配点改变或者图像增删，列表信息就会相应改变。例如第六张图片是孤立图片，在图片上增加匹配点之后，它会自动列在相邻图片列表中。

（2）如果所有的图像都是相邻图片，其他项下都是空白，那么就说明拼合将非常顺利。

3.设置全景类型

在这个面板可以设置全景的类型和大小。有三种类型：球型全景、立方体全景和柱型全景（如图3-28所示）。

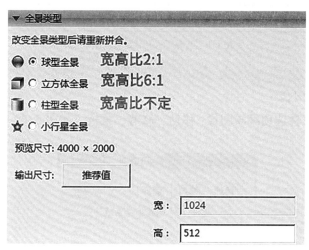

图3-28　全景类型面板

基本步骤：

（1）设置全景图类型。

①球型全景图：宽高比2:1。

②立方体全景：宽高比6:1。

③柱型全景：无特定的宽高比。

（2）设置全景图尺寸。

造景师普通照片模块提供如下几种不同的尺寸，可以从下拉菜单中选择，也可以自定义（如表3-9所示）。

方式		尺寸
拨号	球型全景	1400×700
	立方体全景	2400×400
	柱型全景	25% of 最大宽度 × 25% of 最大高度
宽带	球型全景	4000×2000
	立方体全景	7200×1200
	柱型全景	50% of 最大宽度 × 50% of 最大高度
CD	球型全景	6000×3000
	立方体全景	9600×1600
	柱型全景	75% of 最大宽度 × 75% of 最大高度
打印	球型全景	8000×4000
	立方体全景	12000×2000
	柱型全景	100% of 最大宽度 × 100% of 最大高度
自定义		可以自行设置电脑所能支持的任何大小

表 3-9　几种不同尺寸的照片模块

4. 设置编辑图像

这个面板有三种选项编辑图像：移动、修剪、蒙板（如图 3-29 所示）。

图 3-29　编辑图像面板

（1）移动（如图 3-30 所示）：

图 3-30　移动面板

编辑图像放大时可以移动红色区域选择视角。

（2）修剪（如图 3-31 所示）：

图 3-31　裁剪面板

修剪用来调整鱼眼拼合时的参数（此功能仅适用于圆形鱼眼和鼓形鱼眼）。编辑时鼠标拖动下图红圈选择要拼合区域（如图 3-32 所示）

图 3-32　编辑时鼠标拖动下图红圈选择要拼合区域

（3）蒙板（如图 3-33 所示）：

图 3-33　蒙板面板

在两张图像的重合区域，可以手动选择想要显示的部位，或者隐藏当前图像中某个部位。

操作步骤：

当两张图像拼合处有重叠现象，可以采用"蒙板"解决这个问题（如图 3-34 中车的部位）。

图 3-34　两张图像拼合处有重叠现象

①点击█设置不可见区域，把不需要显示的部位选择出来（图 3-35 中白色部分）。

图 3-35　把不需要显示的部位选择出来

或点击█选择设置可见区域（图 3-36 中紫色部分）。

图 3-36　设置可见区域

②点击 ✎ 橡皮擦可以擦掉选择的区域。完成后再次拼合就会得到一张完美的图，如图 3-37 所示。

图 3-37　再次拼合得到一张完美的图

5. 设置全景 EXIF

此设置可以给图像添加经纬度和方向信息（如图 3-38 所示）。

图 3-38　全景 EXIF 面板

操作步骤：

（1）点击 ✎ 会弹出百度地图，按住鼠标左键可以拖动地图，单击可以直接将 ● 定位到单击处，双击放大地图。

（2）在地图上找到想要定位的位置点击确定就会自动生成经纬度（如图 3-39 所示）。

图 3-39　在地图上找到想要定位的位置点击确定就会自动生成经纬度

（二）特色功能

1.标准化转换工具

标准化转换工具：各类全景相关图片之间的模式转换，如：立方体和6个面的相互转换；竖型立方体转为标准横型；整球和半球的相互转换（如图3-40所示）。

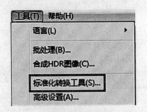

图3-40 打开标准化转换工具

打开界面如图3-41所示：

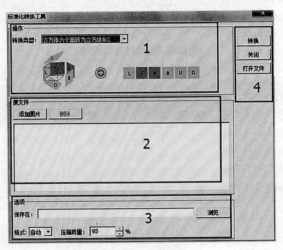

图3-41 标准化转换面板

（1）操作步骤：

①选择需要转换的类型；

②点击【添加图片】导入需要处理的图；

③选择保存路径，图片格式和结果图压缩质量；

④点击转换。

（2）转换类型：

①立方体六个面转为立方体6:1

图3-42 立方体六个面转为立方体6:1

由图 3-42 可看出，此功能是将立方体六个分散的图片，转换成一张立方体全景图

（L——left 左；R——right 右；F——front 前；B——back 后；D——down 下；U——up 上）

原始图如图 3-43 所示：

图 3-43　原始图

按照图示的 L、F、R、B、U、D 的顺序导入（如图 3-44 所示）：

（left——左；front——前；right——右；back——后；ceil——顶；floor——地）

图 3-44　导入图片

选择好保存路径和质量后，点击"转换"按钮，出来结果为如图 3-45 所示的立方体全景图：

图 3-45　转换

②立方体6∶1转立方体独立六个面（如图3-46所示）

图3-46　立方体6∶1转立方体独立六个面

和"立方体六个面转为立方体6∶1"正相反，此功能是将一张立方体全景图，转换成6张立方体六个面的图片。

导入一张立方体全景图，选择好路径和质量，点击转换，结果如图3-47所示：

图3-47　转换的立方体独立六个面

③立方体1∶6转为立方体6∶1（如图3-48所示）

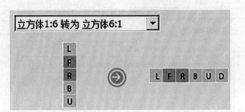

图3-48　立方体1∶6转为立方体6∶1

此功能为竖型立方体转化为横型立方体（如图3-49所示）

图3-49　竖型立方体

选择路径和质量，点击转换，结果如图 3-50 所示：

图 3-50　转换后的横型立方体

④半球 1：1 转整球 2：1（如图 3-51 所示）

图 3-51　半球 1：1 转整球 2：1

功能为：半个球形转换为整球型图

第一个是把半球形放进整球左边，第二个放中间位置，第三个半球复制一份放到左边两边（即全景浏览时，两边画面相同）

如选择第三种，添加半球型图，选择路径和质量，点击转换，图 3-52 为转换后的图片：

图 3-52　转换后的图片

⑤整球 2：1 转半球 1：1（如图 3-53 所示）

图 3-53　整球 2：1 转半球 1：1

功能点是将整球型转换为半个球型

第一种是剪裁整球，保留左边；第二种是裁掉左边，留下右边；第三种是裁掉两边，留下中间。

导入一张球型全景图，选择路径和质量，点击转换，结果如图 3-54 所示：

图 3-54 转换后的图片

2.小行星效果（全景图编辑模式）

在工具栏中点击 ![icon] "球模式和小行星模式相互转换"，弹出对话框选择视角"俯视"或"仰视"（如图 3-55 所示）。

图 3-55 小行星效果选项

效果如图 3-56 所示：

图 3-56 小行星效果

再次点击 "球模式和小行星模式相互转换" 小行星效果就会转换成展开球形模式。

也可将小行星效果图保存出去，详细参考保存全景图。

3. 分享全景

此功能是将全景上传到城市吧街景地图对应的位置，登陆账号后可进行管理。

操作步骤：

（1）在工具栏中点击 "分享全景"（确保全景图 EXIF 信息中含有经纬度，可参考设置全景 EXIF）。

（2）弹出登录框进行登录，或者直接上传（如图 3-57 所示）。不推荐直接上传，登录账号后期可对分享的全景进行管理（如图 3-58 所示）。

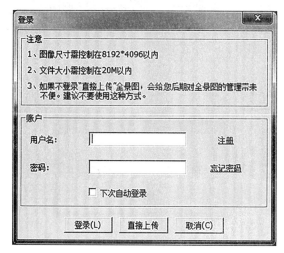

图 3-57　登录面板

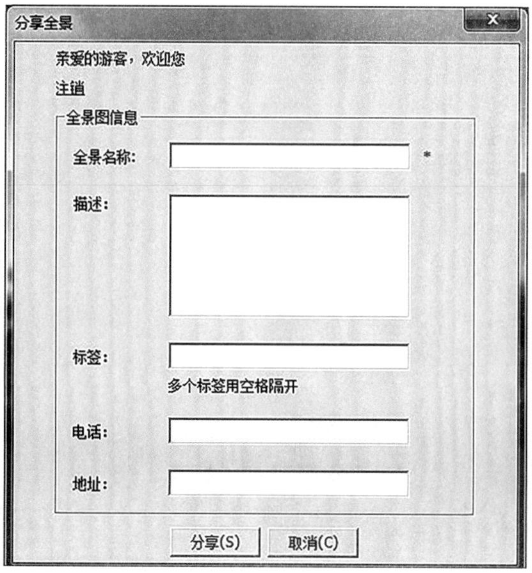

图 3-58　分享全景面板

（3）输入"全景名称"点击"分享"按钮（如图3-59所示）。

图 3-59　分享全景

（4）上传完成后会得到一个链接（如图3-60所示）。

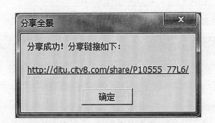

图 3-60　分享链接

（5）进入链接跳转至城市吧查看分享的全景（如图3-61所示）。

图 3-61　进入链接跳转至城市吧查看分享的全景

4. 完美补地

（1）将9张照片全部导入造景师中。

（2）标记"假底"。

　　选中"假底"图像,点击按钮 **VPC**,程序会在"假底"图像上添加记号（如图3-62所示）。再次点击该按钮，就可以取消标记。

图 3-62　选中"假底"图像

（3）给"真底"和"假底"人工插入匹配点。

　　点击按钮 切换到【插点界面】,在"真底"和"假底"上插入匹配点。匹配点数量10个为佳，并且均匀分布在"真底"照片中三脚架周围的地面上。注意，匹配点最好都插在地面上（如图3-63所示）。

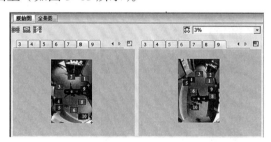

图 3-63　在"真底"和"假底"上插入匹配点

（4）使用蒙板工具将"真底"和"假底"上的"三脚架"设置为不可见。

　　点击按钮 切换到【原图编辑界面】,选择"蒙板"工具中的"不可见"画笔，将"真底"和"假底"上的三脚架内容遮盖住。注意："假底"上，除了将三脚架遮住，最好将周围非地面部分也都遮盖住（如图3-64所示）。

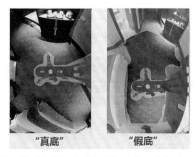

图 3-64　将"真底"和"假底"上的三脚架内容遮盖住

（5）拼合。

点击"拼合"按钮或使用 Ctrl+F5 进行拼合操作。

一张既修补了黑洞又去除了三脚架的全景图就生成了。拼合后的图片如图 3-65 所示：

图 3-65　拼合后的图片

💬 提示：

（1）此方法"假底"的拍摄比较关键，因此请仔细阅读【斜拍底图】的操作说明。

（2）鼓形鱼眼照片的去三脚架方法与本文描述基本一致。鼓形鱼眼照片可以不拍摄顶图。

（三）拼合前的操作

（1）在图像显示和操作区的原图标签下，可以选择、删除或者对图片排序（如图 3-66 所示）。

图 3-66　在缩略视图下进行选择、删除或排序

（2）在导入图像之后，相机和镜头的数据会显示在图像类型面板中。如果无法读取到图像的 EXIF 信息，请自行选择图像类型（如图 3-67 所示）。

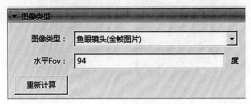

图 3-67　图像类型面板

（3）在全景类型面板中，设置全景图的类型（如图 3-68 所示）。更多请参考"全景类型"。

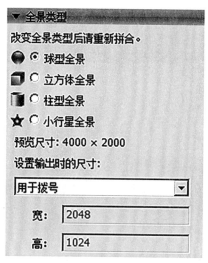

图 3-68　全景类型面板

（四）如何更改临时文件目录

在软件的主菜单中，依次选择【工具】>【高级设置】（如图 3-69 所示）：

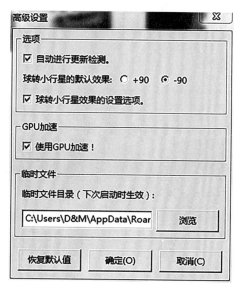

图 3-69　高级设置面板

打开后，可以看到"临时文件"，更改目录即可，下次生效。

（五）拼合

在对导入的图像进行设置之后，选择菜单【全景】>【拼合】、【全景】>【使用历史参数拼合】或者直接点击 ▓▓ 按钮进行自动拼合。如果匹配点数目不够，可以手动插入匹配点。

1.插入和编辑匹配点

匹配点是两个相邻照片之间的一对重合点。所谓插入匹配点，也就是在相邻的照片之间找到相同的点，拼合就是依据这些匹配点来进行的。

如果造景师不能自动搜索到匹配点，需要自己手动加入匹配点。假如两张图的重合区域是一面白色的墙时，造景师就很难找到匹配点。

如果希望拼合更加准确，也可以选择手动加入匹配点。您最好为每个图像对找到3个以上的匹配点再进行拼合。

插入匹配点的基本步骤：

（1）点击 进入匹配点编辑视图下的原始图像标签（如图 3-70 所示）。

（2）匹配点编辑区包括两个图像面板，用来同时显示两张相邻的图片。图像上的数字标签标明了图像的序号。

（3）在两个相邻的图像中，每对匹配点都是同样的颜色和序号。当造景师停止拼合提示您加入匹配点时，图像中的匹配点将变成绿色，而错误的点则变成红色，您加入的点则显示其他的颜色。每个匹配点的位置用坐标来表示并列在匹配点面板中的列表里。

（4）当鼠标移到图像上时，鼠标所在的图像就会被放大，这样我们就可以清楚地观察图像并很方便地添加匹配点。在图像上点击可以添加一个匹配点，然后鼠标会自动跳转到另一张图的相应位置。自动跳转不一定完全正确,因此您需要手动调整一下。如果您希望完全手动加入匹配点，可以点击 关闭自动跳转。

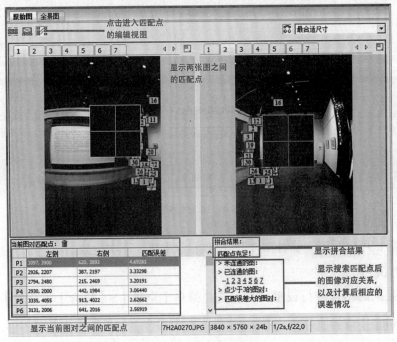

图 3-70 匹配点编辑视图

（5）每个图像对之间必须要有 3 个以上的匹配点。这三个匹配点之间最好不要靠得太近，最好分布在图像的上中下三个部分。插入匹配点后，点击  拼合。

选择匹配点的方法：

方法一：点击图像上的 ，右侧图像上相应的标签也会被选中而处于可编辑状态。

方法二：点击匹配点列表上的一行。被选中的行会变灰，而相应的匹配点就处于可编辑的状态。

防止匹配点同时移动的方法：

方法一：点击图像上的 ，按住左键拖动。

方法二：编辑匹配点面板上的匹配点列表的坐标值。

方法三：点击图像上的 ，按键盘上的上下左右方向键每次可以移动 5 个像素，按住 ctrl 键 + 方向键每次移动一个像素。

匹配点不能单独存在，删除一个的同时也会删除另一个。

方法一：点击图像上的 ，另一张图像上相应的匹配点也会被同时选中。点击匹配点面板上的 btn_delimg0 或者 Delete 键删除。

方法二：点击匹配点列表上的一行（表示一对匹配点），然后点击 btn_delimg0 删除。

🐚 **提示**：我们可以缩小图像，并大概选择一下匹配点的位置，然后放大图像，再进行匹配点位置的微调。

2. 使用参数拼合

（1）保存拼合参数

如果你对某一图像的拼合质量很满意，可以保存它的拼合参数，这样在拼合使用相同设备和设置拍摄的图像时可以节省很多时间。

步骤：菜单上点击【全景】>【保存拼合参数】或者使用快捷键【Ctrl+W】，在弹出窗口里输入一个名字，并点击保存按钮（如图 3-71 所示）。

图 3-71　保存拼合参数面板

使用相同设备和设置进行拍摄的图像的参数是相同的，因此我们可以将之前拼合质量比较好的参数应用在使用相同设备和设置拍摄的图像上。在导入图像后，选择【全景】>【使用历史参数拼合】（如图 3-72 所示）。

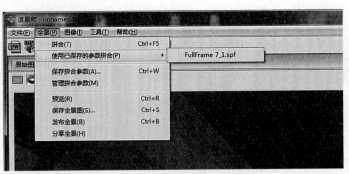

图 3-72　使用历史参数拼合图像

（2）管理拼合参数

选择菜单项【全景】>【管理拼合参数】，可以对已保存的拼合参数进行管理（如图 3-73 所示）。

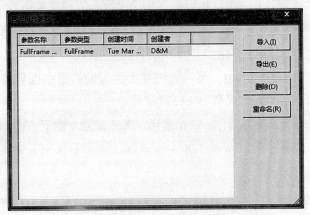

图 3-73　管理拼合参数面板

导入：将外部的参数（如其他人发的参数）导入造景师使用：单击【导入】按钮，选择参数所在的路径，选中外部参数文件后单击【打开】按钮。

导出：选择一个参数，然后点击【导出】按钮来导出该参数。您可以将某个参数导出、保存到本地硬盘，并发送给其他人。

删除：选择一个参数，然后点击【删除】按钮。

重命名：选择一个参数，然后点击【重命名】按钮。

三、编辑全景图

（一）如何移除三脚架（全景编辑模式）

1. 添加 logo

添加 logo 分为两种方式，第一种是采用图像文件，第二种是采用小行星效果。

操作步骤：

（1）打开"顶底标志"面板（如图 3-74 所示）。

（2）点击 选择【采用图像文件】或者【采用小行星效果】。

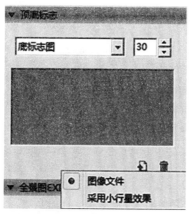

图 3-74 "顶底标志"面板

采用小行星效果（可以选择"俯视"和"仰视"两种效果）（如图 3-75 所示）：

图 3-75 采用小行星效果

采用图像文件：

（1）按上面步骤选择【采用图像文件】。

（2）选择需要的图像单击【打开】按钮（如图 3-76 所示）。

图 3-76 导入图像

（3）您可以在 [31] 内输入一个数字，或者点击输入区右边的箭头来调整 logo 的大小，并在全景图像显示区看到效果图（如图 3-77 所示）。

（4）点击🗑可以删除已添加的标志图。

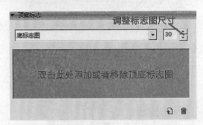

图 3-77　调整标志图尺寸

2.使用移除三脚架功能

（1）在全景编辑模式下，点击🔱然后弹出如图 3-78 所示提示（全景类型为球型时才有此提示）。点击【确定】后造景师自动将球型全景转换为立方体全景，转换完成后再次点击🔱进入编辑页面。

图 3-78　全景转换提示框

（2）编辑页面（如图 3-79 所示）。

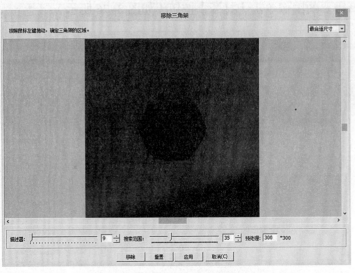

图 3-79　移除三脚架功能界面

（3）按住鼠标左键不动拖拽出三脚架区域（如图 3-80 所示）。

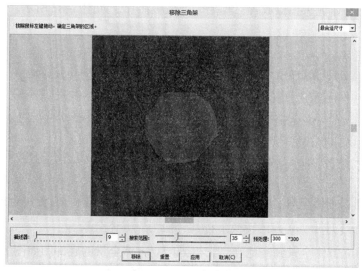

图 3-80 拖拽出三脚架区域

区域选错的时候可以点击键盘上的 Delete 键删除，重新再选择。然后设置"描述器"、"搜索范围"以及"预处理"的值。设置完成后点击【移除】按钮，软件会自动处理（如图 3-81 所示），处理结束后如果满意就点击【应用】按钮，要是不满意点击【重置】按钮，重复以上步骤。

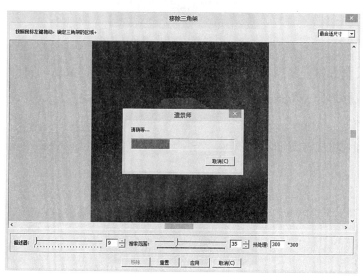

图 3-81 显示移除三脚架的处理进度

3. 使用其他图像编辑软件

如果您不想用 logo 覆盖三脚架，也可以通过如下办法将其移除：先通过造景师将球型全景图转换成立方体全景图，或者直接将图像拼合成立方体全景。然后将全景图保存在本地硬盘上并导入其他图像编辑软件（例如 Photoshop）来移除三脚架。步骤如下：

（1）拍摄完之后将三脚架移开。

（2）使用普通镜头拍摄放置三脚架的上地板照片，如图 3-82 所示。

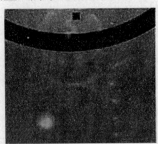

图 3-82 未放置三脚架时的地板照片

（3）得到立方体全景：用造景师拼合照片为立方体全景，或者拼合球型全景后，选择【全景】>【球形 / 立方体转换】将其转换为立方体全景。

（4）保存立方体全景到本地硬盘，得到的立方体全景的底部图如图 3-83 所示。

图 3-83 得到的立方体全景的底部图

（5）导入立方体全景图和步骤 2 中得到的照片到 Photoshop，将照片复制到立方体全景的地板那部分，覆盖掉三脚架，结果如图 3-84 所示。

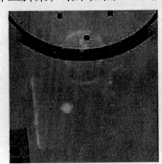

图 3-84 用照片覆盖掉三脚架后的效果

4. 使用完美补地功能

详情请参照"特色功能—完美补地"。

（二）添加热点

在全景图中添加热点。在以平面图方式预览全景 ▨ 模式下，点击 ◉，弹出如图 3-85 所示界面：

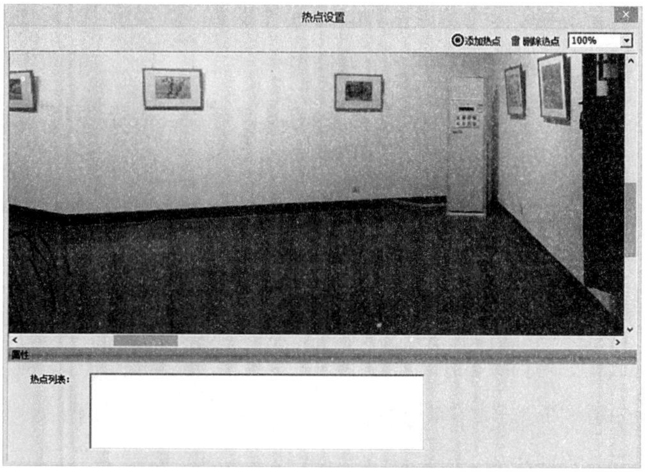

图 3-85　热点设置界面

点击 添加热点 后，如图 3-86 所示：

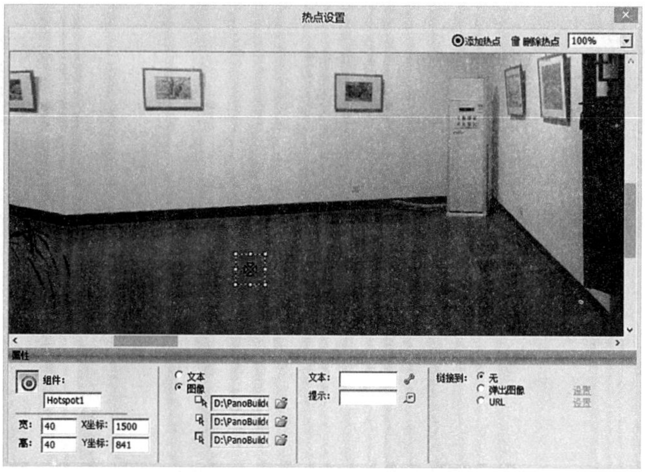

图 3-86　在场景中放置热点标志

然后给热点添加上相对应的设置，如图 3-87 所示：

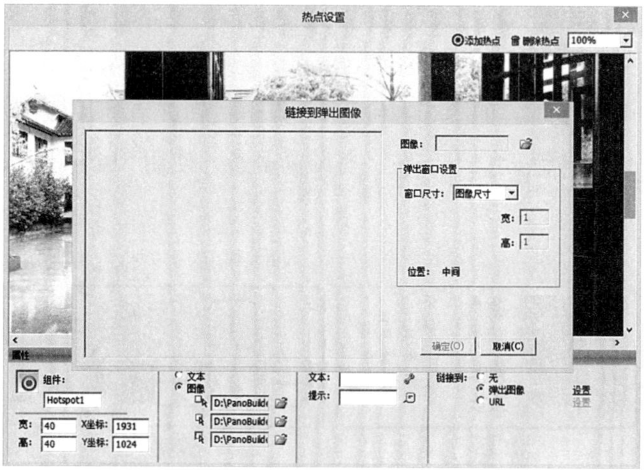

图 3-87　给热点添加上相对应的设置

接着点击【确定】按钮，再点击热点添加界面右上角的【确定】就完成了给该热点添加动作的设置，最后关闭热点添加界面就完成了。

💡 **注意**：所添加的动作只能发布后才能观看得到的效果，直接预览全景图是不行的。

（三）预览全景

可以在拼合好发布之前预览全景图（如图 3-88 所示）。这样，如果对全景图不满意还可以及时进行一些修改。有三种方式进行全景图预览：

（1）选择【全景】>【预览】。

（2）点击"全景图"标签下的 🟤 按钮进行预览。

（3）点击 👁 预览全景。

图 3-88　全景图的预览模式

在预览模式下操作时，如图 3-89 所示，点击按钮或者使用鼠标左键来移动浏览全景，也可以操作方向键上、下、左、右浏览全景，使用 Shift 键和 Ctrl 键可以实现放大缩小操作。

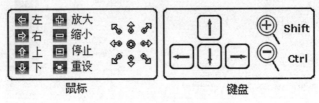

图 3-89　预览模式下的操作方式

四、保存全景图

（一）保存全景图

选择菜单【全景】>【保存全景图】或者点击工具栏的 ▦ 按钮，保存全景图面板如图 3-90 所示。也可以打印全景图或者用来制作虚拟漫游。

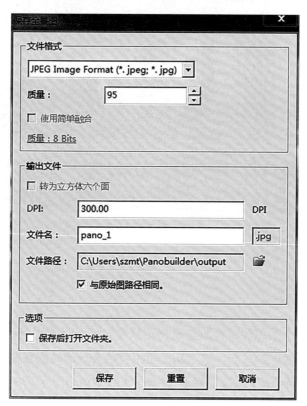

图 3-90 保存全景图面板

可以保存全景图为如下格式：

Windows Bitmap（*. bmp），JPEG Image Format（*. jpeg; *. jpg），Portable Network Graphics（*. png），Targa Files（*. tga），Tiff Image Format（*. tiff; *. tif）.

💡**注意**：以上大多数格式都属于 8 位图。如果您选择了 JPEG 格式，可以在"质量"后面选择数值。或者使用方向键调整 JPEG 质量。JPEG 质量对文件大小有影响，所以请选择合适的值以取得文件大小和图像质量的平衡（一般情况下建议使用 85%）。

（二）打印全景图

造景师不支持打印程序，所以只能在其他图像编辑软件中打印，下面介绍一种较为方便的打印方式。

（1）保存全景图到硬盘。

（2）使用 Photoshop, fireworks, ACDSee 或者类似的软件打开并选择【文件】>【打印】（如图 3-91 所示）。

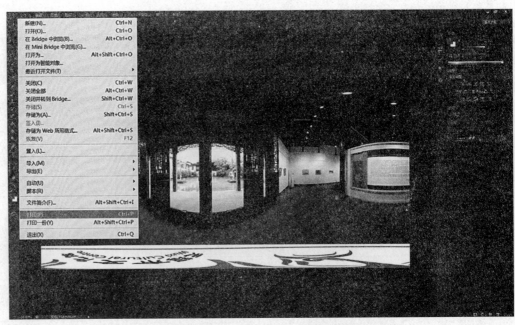

图 3-91　用 Photoshop 打印已保存的全景图

（三）工程

1. 保存工程

如果还未完成全景图的拼合时想退出造景师，可以将工程保存为 pw 文件。这样就可以在合适的时候继续拼合。这个功能可以节约大量的时间和精力。步骤如下：

（1）选择【文件】>【保存工程】。

（2）弹出对话框时，选择保存路径并输入保存的工程名。

（3）点击【确定】，保存为 pw 文件和一个同名称的文件夹。

2. 打开工程

有两种方式可以打开工程：

（1）选择【文件】>【打开工程】。

（2）双击 PW 文件的图标。

五、发布全景

全景图拼合完成后，选择【文件】>【发布】或者点击工具栏上的按钮 ，根据需要在弹出的对话框中进行选择，点击【发布】，将 360 度全景展示文件导出。

基本步骤：

（1）在"发布全景"对话框中选择【格式】选项卡，设置发布格式（如图 3-92 所示）。

（2）在【格式】选项卡里的"输出"一栏内输入文件名，并选择输出路径（如图 3-92 所示）。

（3）在【常规】选项卡里设置常规发布参数（图3-93）；

（4）针对不同的格式设置相应的参数；

（5）点击【发布】按钮。

格式选项卡（如图3-92所示）：

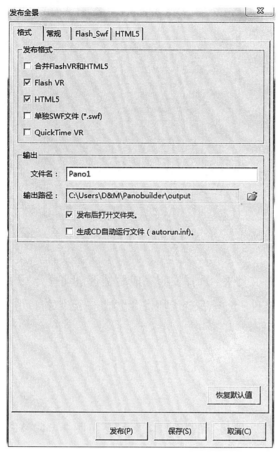

图3-92　发布格式选项卡

类型：

＊可以选择 Flash VR，Jietusoft Virtual Tour Player（Java Applet）或者 QuickTime VR，也可以同时发布这三种。

输出：

＊文件名：命名发布的文件，例如 pano1（请不要在文件名中使用空格）。

＊输出路径：定义发布文件的输出路径，例如，C:\Program Files\Jietusoft\output\；系统会建立一个与文件同名的文件夹，所以输出路径会是：C:\Program Files\Jietusoft\output\pano1\。为方便起见，系统会在这个目录下为不同的格式生成相应的子文件夹，例如 "_Flash"，"_applet" and "_qtvr"。

常规选项卡（如图3-93所示）：

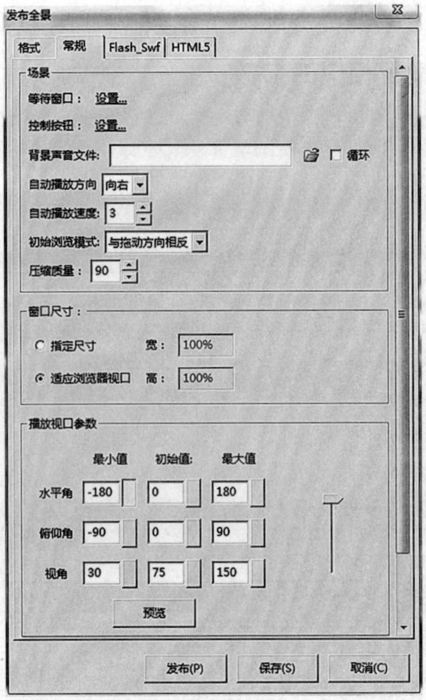

图 3-93　常规选项卡

选项：

* 发布后打开发布文件夹：选择发布完成后是否自动打开发布文件所在文件夹。

* 生成自动播放文件：选择后造景师将会生成一个针对自动播放光盘的 autoru.inf 文件。

压缩质量：

* 调整 JPEG 质量

常规：

* 点击"等待窗口"项目下的超文本"设置"（图 3-94）打开对话框，您可以在里面定制载入窗口（如图 3-94 所示）。

图 3-94　载入窗口设置界面

*点击"控制按钮"项目下的超文本"设置"打开对话框，您可以在里面定制控制按钮，添加 baidu 地图等（如图 3-95 所示）。

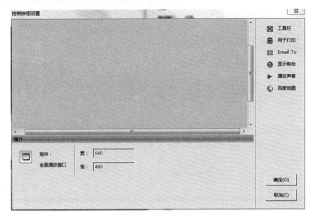

图 3-95　控制按钮设置界面

进度条：设置加载进度的样式，可以是默认的也可以是自定义的 SWF，不过编写此 SWF 有一定的规则，必须按照该规则来写（如图 3-96 所示）。

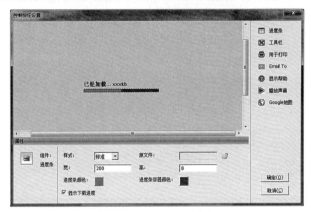

图 3-96　设置加载进度条

工具栏：设置控制场景工具栏的样式，可以是默认的也可以是自定义的 SWF，不过编写此 SWF 有一定的规则，必须按照该规则来写（如图 3-97 所示）。

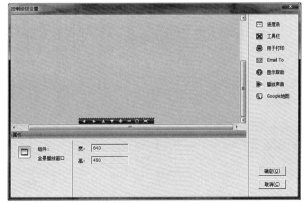

图 3-97　设置控制场景工具栏

打印：用于打印全景图按钮样式设置（如图 3-98 所示）。

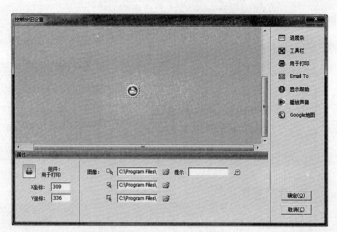

图 3-98 设置打印按钮

Email To：用于发送邮件（如图 3-99 所示）。

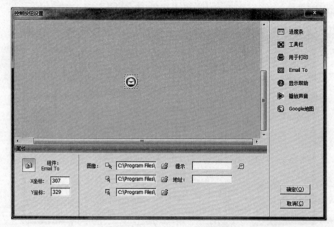

图 3-99 设置 Email To 按钮

显示帮助：用于显示工具栏操作说明（如图 3-100 所示）。

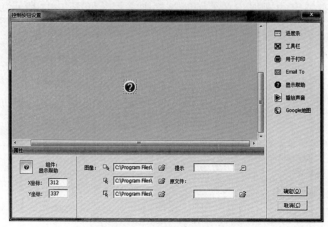

图 3-100 设置显示帮助按钮

播放声音：用于显示工具栏操作说明（如图 3-101 所示）。

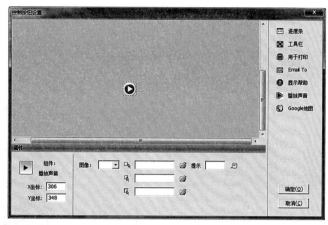

图 3-101　设置播放声音按钮

Google 地图：用于显示电子地图（如图 3-102、图 3-103 所示）。

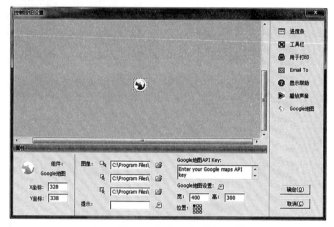

图 3-102　设置 Google 地图按钮

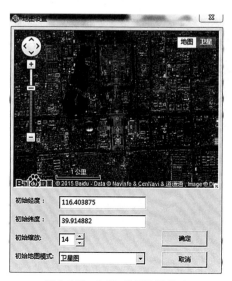

图 3-103　Baidu 地图设置界面

六、批处理

批量处理功能分为批处理拼合、批处理发布、批处理转换三个主要功能。

使用批量处理功能有三种方法（如图3-104所示）：

（1）方法一：直接运行桌面上的【造景师批处理】。

（2）方法二：打开造景师，点击【工具】>【批处理】。

（3）方法三：【开始】>【所有程序】>【Jietusoft】>【造景师】>【批处理模块】。

图3-104　批量处理功能的三种方法

（一）批处理拼合

可以批处理拼合多组相同类型的图片。一定要注意，每组图像的张数及类型一定要相同。

操作如下：

（1）打开批处理模块后，文件>导入图像/导入文件夹（如图3-105所示）。

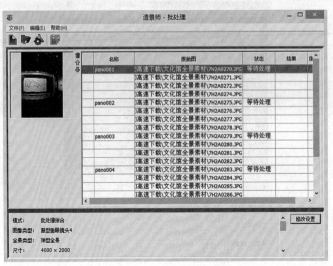

图3-105　导入图片后的界面

（2）导入图像后，要对图像的类型进行设置，操作如下：点击右下角的 修改设置 按钮（或者选择菜单上的【编辑】>【批处理设置】），弹出如图 3-106 所示对话框。

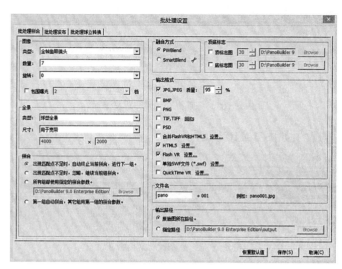

图 3-106　批处理设置对话框

（3）将"图像">"类型"修改为"全帧鱼眼图"，数量为 7（其他的设置请自行设置），修改后如图 3-107 所示：

图 3-107　设置"图像"相关参数

（4）将所有参数设置完成后，点击【保存】按钮即可，返回如图 3-108 所示界面。

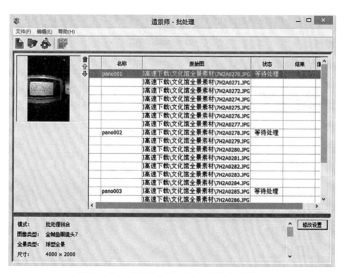

图 3-108　设置相关参数后的批处理界面

（5）此时，图像配置完成，可以进行批量拼合操作了，在图上点击开始处理图标 ▓。拼合中的效果如图 3-109 所示。

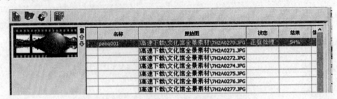

图 3-109　批量拼合过程中进度显示

拼合成功后的效果如图 3-110 所示。

图 3-110　拼合成功后的效果

（6）拼合后，全景图的存储位置设置如图 3-111 所示。

图 3-111　制定批处理输出路径

（二）批量发布

批处理发布，可以对多张全景图进行批量发布，可以发布出 Flash、QuickTime、Java Applet 等格式。

操作如下：

（1）点击菜单中的【文件】>【导入图像/导入文件夹】或 ▓ 按钮，选中需要批处理的图片>【打开】，可以看到所选图片被导入列表中（如图 3-112 所示）。

图 3-112　将图片导入批处理发布模块

（2）点击右下角的 修改设置 按钮，弹出如图 3-113 所示对话框。

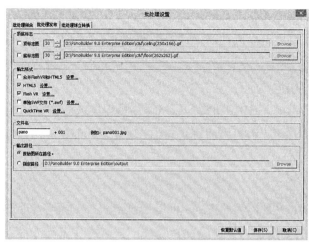

图 3-113　批处理发布设置界面

（3）在修改设置中可以选择你所要发布的格式、是否添加顶底 Logo 以及发布后的位置等功能。设置完成后保存即可。

（4）回到主窗口后，点击开始处理按钮图标■即可。

（三）批处理球立转换

批处理转换功能主要应用于多张"球型全景图"与"立方体全景"的互转功能（造景师会自动识别图像类型，并转换为其他的类型）。

操作如下：

（1）打开批处理模块后，【文件】>【新建】或点击■按钮，在弹出的对话框中选择■批处理球立转换，点击【确认】按钮。

（2）点击菜单中的【文件】>【导入图像】或■按钮，选中需要批处理的图片>【打开】，可以看到所选图片被导入列表中（如图 3-114 所示）。

图 3-114　将图片导入批处理转换模式后的界面

（3）同样，可以在【修改设置】中进行输出路径及文件名称的设置。设置完成后保存即可。

（4）回到主窗口后，点击开始处理图标██即可。

七、HDR 功能

利用造景师自带的"HDR 功能"可以将拍摄原图或者拼合后的全景图进行 HDR 处理，其中一定要注意：将拍摄原图进行 HDR 处理的时候，一定要保证图片是在同一角度上拍摄。

操作如下：

（1）打开 HDR 功能有两种方式：可以通过造景师的菜单【工具】>【合成 HDR 图像】（如图 3-115 所示）来开启 HDR 功能，或者在【开始】菜单中找到杰图软件下的造景师所在目录，打开 HDR 模块。

图 3-115　通过造景师菜单打开 HDR 功能

（2）打开 HDR 模块后，在菜单中选择【文件】>【新建】，在弹出的对话框中找到需要处理的图像，并选中（如图 3-116 所示），点击【打开】按钮即将所选图片导入 HDR 合成列表中（如图 3-117 所示）。

图 3-116　选中需要 HDR 处理的图片

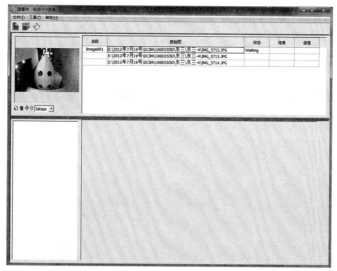

图 3-117　完成将图片导入到 HDR 合成列表

（3）导入图像就可以对图像进行 HDR 处理了，点击开始处理图标 **HDR**，处理完的效果如图 3-118 所示：

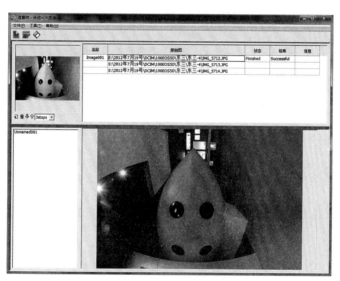

图 3-118　经过 HDR 合成后的效果

（4）接下来就可以将经过 HDR 处理的全景图进行保存了（如图 3-119 所示）。

图 3-119　保存经过 HDR 处理的全景图

第四章

造型师操作方法

造型师是一款制作三维虚拟物体的开发工具，它所制作出来的三维虚拟物体可以被广泛运用于礼品玩具展示、服装鞋帽展示、文物古董展示、电子产品展示、汽车展示等。本章详细说明了造型师的安装和操作步骤。

第一节 造型师简介

一、安装造型师

造型师的安装包括如下几个步骤。

（1）关闭其他正在运行的程序。

（2）将加密狗安装到计算机的打印机口或者 USB 接口上。

（3）将造型师光盘放入光盘驱动器，双击运行造型师安装程序，将出现如图 4-1 所示界面。

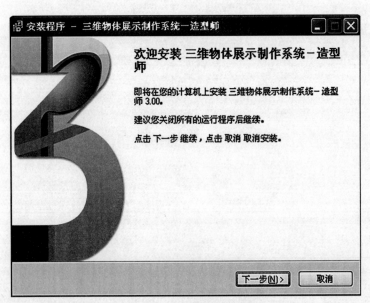

图 4-1 造型师安装欢迎界面

（4）点击【下一步】，进入版权许可界面。阅读版权许可后，请选择【我同意】，然后按【下一步】继续安装（如图 4-2 所示）。

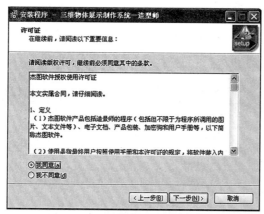

图 4-2　造型师版权许可界面

（5）然后，出现"选择安装文件夹"界面，点击【上一步】可以回到先前的界面，或者按【取消】停止安装。选择相应的目标文件夹安装造型师，点击【下一步】继续安装（如图 4-3 所示）。

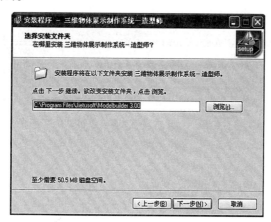

图 4-3　选择造型师的安装路径

（6）出现"选择额外任务"界面，选中"在桌面创建图标"即可在桌面上创建软件的快捷方式；不选中则不在桌面上创建软件的快捷方式。点击【下一步】进入下一个安装步骤（如图 4-4 所示）。

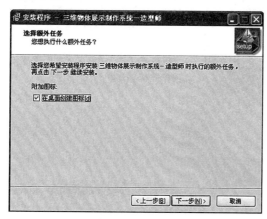

图 4-4　选择是否在桌面创建快捷方式

（7）在图 4-5 所示的界面中，点击【安装】按钮开始安装，如果在这个窗口中选择【取消】，那么软件并未安装成功。

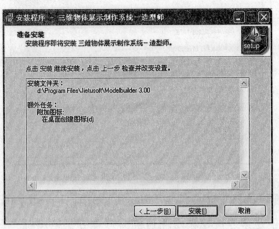

图 4-5 确认安装信息

（8）图 4-6 显示了软件的安装过程。

图 4-6 造型师的安装过程

（9）安装完成后显示如图 4-7 所示界面。

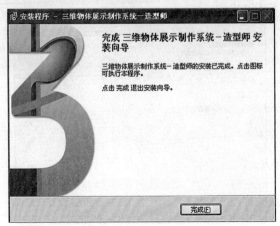

图 4-7 安装完成界面

（10）请根据您所购软件配备的加密狗类型——USB 狗或者并口狗，选择相应的驱动程序进行安装（如图 4-8 所示）。

图 4-8　安装加密狗驱动程序

注意：

如果您是造型师的升级用户，请首先在上图所示界面中点击"卸载"，卸载旧版本的驱动程序，然后重新安装升级版本造型师加密狗的驱动程序。旧版本驱动程序的卸载必须在新版本的驱动程序中进行。不卸载旧版本驱动而直接安装新版本，可能导致加密狗无法正常工作。

二、卸载造型师

可以通过以下两种方式来卸载造型师：

（1）通过【开始】菜单中的快捷方式进行卸载。选择【开始】>【程序】>【Jietusoft】>【造型师】>【卸载造型师】。

（2）在"控制面板"中点击"添加或删除程序"进行卸载。

三、关于加密狗

问：加密狗是否只在安装时才需插在 USB 口上或并行口上？

答：不是，安装的时候并不需要，不过软件运行的过程中加密狗都必须插在对应接口上。

问：能否带电插拔狗？

答：USB 狗属于即插即用设备，可以带电插拔。

问：电脑找不到加密狗的几个原因：

答：（1）没有安装加密狗驱动程序。

（2）很多时候检测不到加密狗都是因为检测程序是每隔一分钟检测一次，如果之前有某种情况让检测程序判断电脑上没有加密狗，那么在一两分钟内，即便我们插上加密狗，检测程序也会认为没有加密狗。

解决的办法：首先你可以以等待；其次你可以在进程管理器里面结束检测程序，并再次打开软件，这也就意味着重新打开检测程序，这时候就可以正常启动了。

（3）XP SP2 版本下，Windows 都自带防火墙，在软件第一次运行时，这个防火墙会弹出提示，询问是否阻止程序（tourbuilder、java.exe、jtservice.exe），选择不阻止。

（4）现在的防火墙种类很多，经常会阻止加密狗检测程序 jtservice.exe。在这种情况下，我们只要在防火墙的规则中将有关部分修改一下就可以了。

（5）由于我们的检测程序是采用 java 编写的，对中文的支持不是很好，因此如果计算机名称是中文，那么软件的检测程序将可能无法认出加密狗。

（6）和（5）的原因一样，如果软件安装在中文目录下将导致 jtservice.exe 无法启动，从而无法启动软件。

（7）由于加密狗检测程序主要针对网卡进行检测，所以有关加密狗的问题中，网卡也是不得不考虑的。

（8）现在的主板往往自带网卡，也很少有不安装 TCP/IP 协议的，所以关于网卡的问题很少见，一旦发生也很难一下子想到。

（9）比较常见的关于网卡的问题易在笔记本电脑上发生：笔记本的省电模式会自动停用网卡，造成加密狗检测不到。如果不插网线，某些防火墙就不会干预加密狗检测程序检测网卡，一旦插上网线，防火墙就会禁止检测。

（10）加密狗加密程序烧制错误或者损坏。

第二节　程序界面

造型师软件界面包括菜单栏、工具条、图片文件选择窗口、图片预览窗口和图片对齐调节窗口等（如图 4-9 所示），下面简单介绍下：

图 4-9　造型师程序界面

A- 菜单栏：造型师菜单栏，包括"文件""调节""输出"和"帮助"。可参见菜单栏了解更多信息。

B- 工具条：造型师快捷工具按钮，提供菜单栏中所提供的主要功能。可参见工具条了解更多信息。

C- 图片文件选择窗口：所有选中的图片都在该窗口中以列表形式显示，可对该列表进行添加、删除图片操作。

D- 图片预览窗口：该窗口将显示在"图片文件选择窗口"中选中的图片的预览效果。

E- 图片对齐调节窗口：该窗口将显示所有等待调整对齐的图片。

一、菜单栏

造型师软件菜单栏具体包括表 4-1 所示内容：

菜单栏	项目	说明
文件	打开图形文件	导入某物体的一系列多角度的图片，图片的格式有 jpg、gif 和 png
	从影像文件中抓取图片	从已有的视频文件（avi 格式或 mov 格式）中获取物体的一系列多角度的图片
	通过数码摄像机捕捉图片	直接利用数码摄像机对三维物体进行拍摄，并获取物体的一系列多角度的图片
	退出	退出造型师软件
调节	添加图形文件	添加一个或多个图形到图形列表中
	移出当前图形文件	从图形列表中移除选中的图形
	当前文件上移	将选中的图形上移
	当前文件下移	将选中的图形下移
	反转列表中图形文件顺序	将图形列表中的文件顺序反转
	点对齐	选择"点对齐"模式，即利用在所有图形中位置固定的一个共同点来调整各图形位置
	平移对齐	选择"平移对齐"模式，即以一个图形在另一个图形上的重叠与移动来调整各图形位置
	定制播放器外观	定制浏览器的外观和调节功能
输出	预览 360 度物体	预览调整后的 360 度虚拟物体
	输出 360 度物体	生成 360 度虚拟物体，可选择保存为 Flash、Applet 或 Quicktime VR 格式的文件
帮助	帮助主题	造型师的帮助文件
	访问杰图网站	访问上海杰图软件技术有限公司的网站主页
	关于造型师	关于造型师的版本与版权信息

表 4-1　菜单栏

二、工具条

造型师工具条中包含多个快捷按钮，各快捷按钮功能如表 4-2 所示：

快捷按钮	功能
	打开图形文件
	从影像文件中抓取图片
	通过数码摄像机捕捉图片
	定制播放器外观
	预览 360 度虚拟物体
	输出 360 度虚拟物体
	帮助主题
	添加图形文件
	移出当前图形文件
	当前文件下移
	当前文件上移
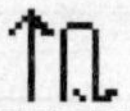	反转列表中图形文件顺序
	点对齐模式
	平移对齐模式

表 4-2　工具条

第三节　快速入门

对于初次使用造型师软件的用户来说，可以通过本节内容了解制作一个 360 度虚拟物体的基本过程。制作 360 度虚拟物体的基本流程如下：

运行造型师 > 导入图片 > 定制播放器外观 > 预览 > 发布。

一、运行造型师

造型师安装成功后，在【开始】菜单中和桌面上都会出现造型师软件的图标，双击图标 运行造型师软件，依次出现如图 4-10、图 4-11 所示界面：

图 4-10　造型师启动界面

图 4-11　造型师软件界面

💡**注意:**

在运行造型师软件之前，请确保您的计算机上已经安装了以下软件：

（1）Microsoft Windows OS 需安装 Sun JRE。

（2）QuickTime（全部组件）：在安装 QuickTime 时选择安装全部组件。

（3）DirectX。

如果您未能正常运行造型师软件，请检查您的计算机上是否已经安装了上述软件。详细的造型师软件安装过程请参见安装章节内容。

二、导入图片

（1）运行造型师软件后，点击工具条中的 📂 ，弹出"打开图形文件"对话框（如图 4-12 所示）：

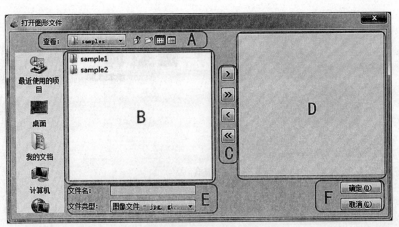

图 4-12 "打开图形文件"对话框

（2）在 B 区域选择所需添加的图片所在的文件夹，双击打开。点击 ≫ 按钮，即选取"造型师"文件夹中的所有图形文件（如图 4-13 所示）：

图 4-13 将图片导入列表中

（3）点击【确定】按钮。随后弹出"定义图像区域"对话框（如图 4-14 所示），直接点击【确定】按钮。即导入了教学光盘中自带的图形文件。

图 4-14 "定义图像区域"对话框

🔥 **提示**：除了通过"打开图形文件"导入图片外，还可以通过"从影像文件中抓取图片"及"从数码摄像机捕捉图片"来导入图片。

三、定制播放器外观

导入图片后，点击工具条中的 🔨 ，弹出"定制播放器外观"对话框（如图 4-15 所示）：

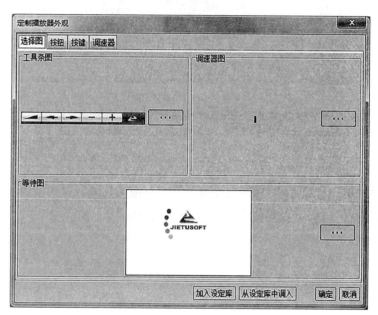

图 4-15 "定制播放器外观"对话框

点击【确定】按钮，使用默认的播放器外观。

🔥 **提示**：用户可以自由定制播放器外观。

四、预览

完成播放器外观的定制后，点击工具条中的 🔍 按钮，弹出"预览 360 度物体参数"对话框（如图 4-16 所示）：

图 4-16 "预览 360 度物体参数"对话框

点击【确定】按钮，使用默认的设置。随后弹出"预览360度物体"界面，即预览界面（如图4-17所示）：

图4-17 "预览360度物体"界面

可以按住鼠标左键，同时水平向左或水平向右拖动物体，对其进行360度交互式预览。通过预览，可以观察您制作的360度虚拟物体的生成效果。

您可以选用"缺省大小"或"用户定义大小"方式来定义预览窗口的大小：

①缺省大小。选用缺省大小时，其预览窗口大小值是原始图片的大小。默认为缺省大小（如图4-16所示）。

②用户定义大小。首先选中"用户定义大小"，然后在"宽度"和"高度"文本框内填入所需的尺寸（如图4-16所示），如果该文本框下的"由宽度保持图像长宽比例"检查框被选中，则"高度"输入值将是无效的，系统会自动根据实际图的宽高比计算。

五、发布

预览360度虚拟物体后，如果您对预览效果满意，即可对其进行发布。

点击工具条中的 ，弹出"发布"对话框（如图4-18所示）：

图4-18 "发布"对话框

选择"类型"、输入"文件名",并选择"输出路径"。点击【发布】按钮即可成功发布一个360度虚拟物体。

第四节　造型师基本操作

一、导入图片

造型师软件提供了三种导入图片方式,作为360度虚拟物体图片的原始来源。这三种方式分别是:打开现成的图形文件、从影像文件中抓取图片和从数码摄像机捕捉图片。

💡**注意**:导入图片时请注意所导入图片的"长 × 宽 × 导入图片张数 <50,000,000",即长、宽及图片张数三者乘积小于5千万。同时推荐导入张数如表4-3所示:

导入图片规格(像素)	推荐导入张数
800×600	36张
1024×768	36张
1600×1200	28张

表4-3　导入图片规格及张数

导入图片后将自动进入"定义图像区域"界面,即进入编辑图片的"调整与裁剪图片"状态。

(一)打开现成的图形文件

当点击菜单栏中的"文件 > 打开图形文件"或工具条中的 📂 时,会弹出如图4-19所示界面:

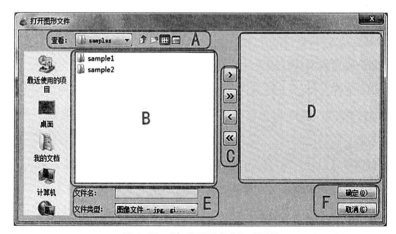

图4-19　"打开图形文件"对话框

该界面包括 A–F 六个区域：

A– 图形文件所在的目录路径：显示图形文件所在的目录位置。

B– 载入前的图形文件区域：显示用户需要载入的图形文件。

C– 载入 / 移除图形文件按钮：用来载入或移出图形文件。

　　载入图形文件：

➤：添加选中的图形文件，可以按 Shift 键选中多幅图形；

➤➤：添加当前目录下的所有图形文件。

　　移出图形文件：

◀：移除选中的图形文件，可以按住 Shift 键选中多幅图形；

◀◀：移除当前目录下的所有图形文件。

D– 载入后的图形文件区域：显示用户载入后的图形文件。

E– 图形文件类型：三种图形文件的类型，分别为 JPG、GIF 和 PNG。

F– 按钮：包括"确定"和"取消"两个按钮。

载入"造型师"目录下所有图片后的结果（如图 4-20 所示）：

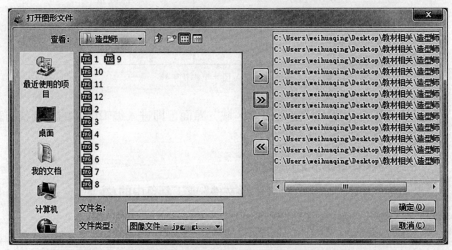

图 4-20　载入指定目录下所有图片后的效果

（二）从影像文件中抓取图片

造型师软件允许您从一个已有的影像文件（视频文件）抓取图片作为生成 360 度虚拟物体的图片素材。这适用于如果您在使用软件前已捕捉了视频，现想要据其创建一个 360 度虚拟物体的情况，或者是在特定拍摄场合无法将数码摄像机与计算机连接的情况。造型师可以导入影像文件的格式有两种，分别为 avi 格式和 QuickTime 的 mov 格式。从影像文件中抓取图片的具体步骤如下：

（1）点击菜单栏中的"文件 > 从影像文件中抓取图片"或工具条中的 🖼 ，会出现以下（如图 4-21 所示）界面：

图 4-21 "打开影像文件"对话框

用户可选择 QuickTime 或 avi 格式的影像文件。

（2）选择影像文件后，将弹出"从影像文件中抓取图片"对话框（如图 4-22 所示）：

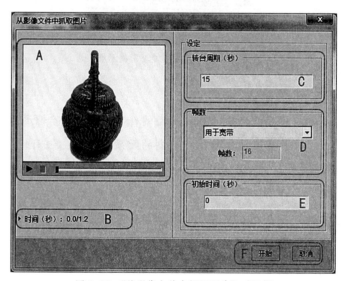

图 4-22 "从影像文件中抓取图片"对话框

用户可设置所抓取物体图片的相关参数。该界面有 A-F 六个区域：

A- 捕捉窗口和工具条：影像文件导入后，物体旋转视频将会在该窗口中播放。用户可通过点击窗口下方工具条上的相应按钮（与传统的视频播放器界面，例如 MediaPlayer、QuickTime 等的用法类似）来播放 / 暂停和停止该视频。

B- 时间信息：当视频播放时，A 区域的进度条会向前推进，同时"视频已播放时间 / 视频播放总时间"的信息将会在此显示。该时间单位为秒。

C- 转台周期设置：用户可设置物体旋转时间的长短来抓取序列物体图片。转台周期的范围在 0-100 之间。该时间单位为秒。

D-帧数设置：用户可通过在该区域的下拉菜单中点击的方式来决定抓取图片的数量。造型师为用户提供了四种选择，用户可根据需求进行选择。具体的四种选择如下：

用于拨号：发布的图片适合于拨号网络的用户浏览，帧数固定为 12 帧；

用于宽带：发布的图片适合于宽带网络的用户浏览，帧数固定为 16 帧；

用于 CD：发布的图片适合于存放在 CD 中浏览，帧数固定为 24 帧；

用户自定义模式：用户自己定义帧数，帧数范围在 1-100 之间。

E-开始时间设置：用户可在该区域设置何时开始图片的捕捉。图片的第一帧将会成为 360 度虚拟物体的初始图。

F-开始或取消：当上述所有参数都设置好后，用户可点击"开始"按钮进行图片的自动抓取或点击"取消"按钮放弃本次抓取。

（3）设置完上述参数后，按下【开始】按钮，将自动抓取图片并显示如图 4-23 所示界面：

图 4-23　"获取图片成功"提示框

💡注意：

（1）确保所抓取图片至少包含了物体一圈的转动。因此要合理设置转台周期和帧数。抓取张数越多，在 360 度虚拟物体中得到的效果就越好，但同时虚拟物体文件的尺寸也会变大，从而延长了下载时间。用户应根据 360 度虚拟物体的用途来决定抓取张数（8 张 -30 张）。一般来说，制作在因特网上播放的虚拟物体至少需要抓取 12 张照片，而制作在本地硬盘或 CD 上播放的虚拟物体至少可抓取 18 张照片。

（2）导入 QuickTime 格式的 mov 文件时，文件的路径及文件名中不要包含中文字符，否则会出现以下提示，不能正常打开该 mov 文件。

（3）导入 avi 格式的视频文件时，由于 avi 格式没有统一的压缩标准，可能有些 avi 格式不能导入。

（三）从数码摄像机捕捉图片

造型师软件还可通过控制数码摄像机来自动拍摄一段物体旋转的视频并捕捉物体的一系列多角度的图片，从而制作出令人满意的 360 度虚拟物体。用数码摄像机拍摄物体图片的准备工作请参见"拍摄物体的方法与技巧"章节内容。从数码摄像机捕捉图片的具体步骤如下：

点击菜单栏中的【文件】>【通过数码摄像机捕捉图片】或工具条中的 📷 按钮，会出现如图 4-24 所示界面：

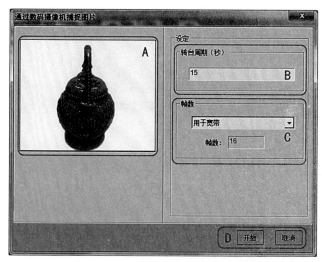

图 4-24 "通过数码摄像机捕捉图片"对话框

该界面包括 A–D 四个区域：

A– 视频捕捉窗口：可在视频捕捉窗口中看到一个物体旋转的实况视频反馈。

B– 转台周期设置：用户可设置物体旋转时间的长短来抽取序列物体图片。转台周期的范围在 0–100 之间。该时间单位为秒。

C– 帧数设置：用户可通过在该区域下拉菜单中点击的方式来决定抽取图片的数量。造型师为用户提供了四种选择。用户可根据需求进行选择，图像帧数越多，最终生成的 360 度虚拟物体的效果将越好，但同时文件的尺寸会变大而延长下载时间。具体的四种选择如下：

用于拨号：发布的图片适合于拨号网络的用户浏览，帧数固定为 12 帧；

用于宽带：发布的图片适合于宽带网络的用户浏览，帧数固定为 16 帧；

用于 CD：发布的图片适合于 CD 播放，帧数固定为 24 帧；

用户自定义模式：用户自己定义帧数，帧数范围在 1–100 之间。

D– 开始或取消：当上述所有参数都设置好后，用户可点击"开始"按钮进行图片的自动捕捉或点击"取消"按钮放弃本次捕捉。

当转台以一个特定的速度旋转时，将会在视频捕捉窗口中看到一个物体旋转的实况视频反馈，此时设置合理的"转台周期"和"帧数"，并选择一个合适的时间点击"开始"按钮，造型师软件将会自动开始捕捉物体旋转的视频并抓取图片数目（帧数），同时会依次出现如图 4-25、图 4-26 所示界面：

图 4-25 显示捕获影像的进度

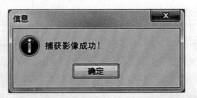

图 4-26　提示"捕获影像成功"

💡注意：

（1）确保一个视频捕捉装置已用火线正确接入，否则会出现如图 4-27 所示界面：

（2）确保摄像机已拍摄了物体至少一圈的转动。因此要合理设置转台周期和帧数。拍摄张数越多，在 360 度虚拟物体中得到的效果就越好，但同时虚拟物体文件的尺寸会变大，从而延长了下载时间。用户应根据 360 度虚拟物体的用途来决定拍摄张数（8 张 –30 张）。一般来说，制作在因特网上播放的虚拟物体至少需要拍摄 12 张照片，而制作在本地硬盘或 CD 上播放的虚拟物体至少可拍摄 18 张照片。

（3）当点击【开始】按钮时，物体面对摄像机的第一个面将对应 360 度虚拟物体的第一个帧。例如，若打算把物体的正面作为观看物体的第一个视角时，可以通过"调节图片"来调整图片，而不用重新捕捉。

（4）在捕捉视频时，请关闭其他应用程序。由于视频捕捉过程耗费 CPU 和内存，如果您同时运行其他程序，可能会导致死机或生成过大的临时文件。

图 4-27　"未检测到视频捕捉设备"提示信息

二、编辑图片

编辑图片包括调整与剪裁图片、调节图片和图片对齐操作。在导入图片之后，软件自动进入"调整与裁剪图片"状态，即进入"定义图像区域"界面。

（一）调整与裁剪图片

在导入图片之后，会弹出"定义图像区域"，如图 4-28 所示界面，该界面包括 A–D 四个区域：

A- 图片预览区域：预览当前被选中的图片，B 区域左边的"帧号"显示的是被选中的图片号。

B- 调整图片按钮：包括"逆时针旋转图片 90 度"（ ⬑ ）和"顺时针旋转图片 90 度"（ ⬐ ）。

C- 导入图片系列区域：显示所有导入的图片。

图 4-28 "定义图像区域"界面

D- 确定或取消：用户点击"确定"按钮后，将导入图片；点击"取消"按钮则将放弃导入图片。

造型师提供了一个对帧图片进行调整与剪裁的功能。它允许调整图片的方向并可通过点拖来定义图片的边界。

1. 调整图片

您可通过点击 B 区域的 ⬋ 和 ⬊ 按钮来对图片进行 90 度的逆时针或顺时针旋转。旋转图片时将出现如图 4-29 所示界面：

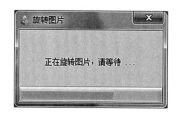

图 4-29　旋转图片的进度

显示逆时针旋转 90 度后的结果图（如图 4-30 所示）：

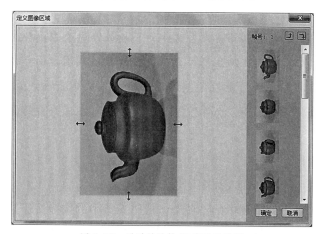

图 4-30　逆时针旋转 90 度后的效果

2. 剪裁图片

导入的物体图片系列会显示 C 区域中（图 4-28）。点击其中任何一张图片，其放大图会在 A 区域的预览区域中显示。在预览区域中，您可在物体图片周围找到一个黄色的矩形限制边框。然后使用鼠标拖动黄框线上的蓝色箭头来重新定义图像的边界。通过剪裁可使虚拟物体显示在帧窗口的中央，并去除一些物体周围的不必要的背景。剪裁图片不仅可以缩减最终发布的 360 度虚拟物体的文件大小，而且还能生成更好看的结果。

裁剪图片后的结果图，如图 4-31 所示：

图 4-31　图片经过剪裁后的效果

调整或剪裁图片后，点击【确定】按钮，将最终图片导入。

💡注意：

（1）由于裁剪将会作用于制作的虚拟物体的每一帧，应该仔细查看是否所有帧里的物体未落到新的、剪裁好的帧区域之外。如果发现把帧里的物体剪掉了，可调整黄框位置直至得到满意的结果。

（2）裁剪图片只能裁剪或还原图片大小，不能放大原来的图片。

（3）某些摄像机有比在软件里所见到的更宽的拍摄范围。由于软件捕捉了摄像机所能拍到的整个区域，因此可能在某些情况下在图片预览区域会生成一些异常结果。这并不是摄像机或软件的问题。如果发生这种情况，可在保存最终图像文件前将那些异常部分裁剪掉。

（二）调节图片

调整与裁剪图片后，会出现如图 4-32 所示界面：

此时可以通过点击菜单栏中的【调节】或工具条中的快捷按钮来调节"图片文件选择窗口"中的图片，包括对图片的添加、移出等。具体的操作如下：

图 4-32　将修改后的图片导入造型师

添加图形文件（　）：添加一个或多个图片到图片列表中。

移出当前图形文件（　）：从图片列表中移除选中的图片。

当前文件上移（　）：将选中的图片上移。

当前文件下移（　）：将选中的图片下移。

反转列表中图形文件顺序（　）：将图片列表中的文件顺序反转。

（三）图片对齐

个别时候，拍摄过程可能导致某帧图片与其他帧发生错位，此时对图片进行对齐调整对于制作 360 度虚拟物体就很重要了。造型师同时提供了两种对齐模式：点对齐方式和平移对齐方式。

1. 点对齐方式

点对齐方式就是让用户首先在各幅图上定义一个光标点，此光标点在各幅图的位置是一致的，然后用户再移动各幅图，使各幅图的特征点均准确对到光标点上，以此来达到对齐的目的。点对齐方式的操作步骤如下：

（1）点击菜单【调节】>【点对齐】或工具条中的　按钮，选定点对齐方式来对齐图片。此时所有的图都将在软件右侧的工作区内（即图片对齐调节窗口）显示，并按照文件列表中的顺序自上而下排列。

（2）确定光标点位置。

光标点的确定只能在第一幅图中通过鼠标点击来确定，一般选在物体转动轴线上某个特征点处。如果是第一次进行点对齐操作，则光标点默认在各幅图的左上角 x，y 轴（0，0）位置。

（3）移动其余各幅图，使每幅图的特征点都对准光标点处。

第一幅图的移动只支持键盘操作，其他图可支持鼠标拖动。键盘移动操作使用的是方向键，上下左右键分别表示上下左右移动，每次移动一个像素；如果同时按住

Ctrl 键，则每次可移动十个像素。

点对齐方式下的工作区外观如图 4-33 所示：

图 4-33　点对齐方式的工作区

2. 平移对齐方式

平移对齐方式就是用户首先确定一幅基准图，并将其他图作为对准图。基准图是完全不透明且不可动的，而对准图是半透明且可移动的，因此用户可以将焦点转到对准图上，然后通过拖动鼠标或者键盘操作，将对准图移到一个和基准图对齐的最佳位置。平移对齐方式的操作步骤如下：

（1）点击菜单【调节】>【平移对齐】或工具条中的▣按钮，选定平移对齐方式来对齐图片。

此时在软件右侧的工作区内（即图片对齐调节窗口），会出现相互重叠的两幅图：基准图和对准图。

（2）选定基准图。

初始状态下，系统默认基准图为第一幅图，其余均为对准图。如果用户想另外指定基准图，可以点击"基准图"下拉菜单按钮来选定文件列表中的图片，系统会及时更新工作区的基准图。

（3）通过拖动鼠标或者键盘操作，将其余的对准图移到一个和基准图对齐的最佳位置。

用户可点击"对准图"下拉菜单按钮来选定对准图。其中，当用键盘操作时，键盘的上下左右键分别表示上下左右移动，每次移动一个像素；如果同时按住 Ctrl 键，则每次移动十个像素。

平移对齐方式下的工作区外观如图 4-34 所示：

图 4-34　平移对齐方式的工作区

三、定制播放器外观

在造型师软件中，用户可以定制 360 度虚拟物体的播放器。

点击菜单栏中的【调整】>【定制播放器外观】或工具条中的 按钮，即可开始定制自己的 360 度虚拟物体的播放器，如图 4-35 所示：

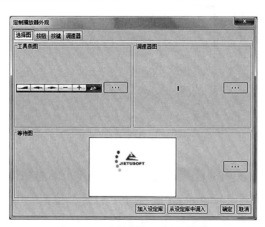

图 4-35　"定制播放器外观"界面

360 度虚拟物体播放器的定制包括以下几个部分：选择图、按钮设定、按键设定、调速器设定。

可以随时点击按钮 加入设定库 ，将设定好的播放器参数保存下来，以便下一次修改或调用；也可以随时点击按钮 从设定库中调入 ，将设定好的播放器参数调入。

（一）选择图

如果想发布自己的标志（logo），可在浏览器中使用自己的等待图和工具条来替换默认的等待图和工具条。为此，需要准备三张 GIF 格式的图片（等待图、工具条和调速器）。在"定制播放器外观"对话框中选定"选择图"选项卡，如图 4-36 所示：

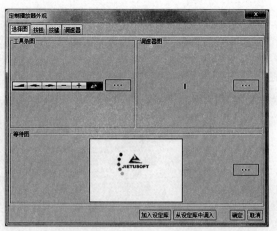

图 4-36 "选择图"选项卡下界面

点击"工具条图"区域的 ![] 按钮，然后在弹出的对话框中（如图 4-37 所示）
选定您需要的工具条图片（toolbar.gif），按下【打开】按钮即可设定工具条图片。

图 4-37 选择"工具条"图片

点击"调速器图"区域的 ![] 按钮，然后在弹出的对话框中（如图 4-38 所示）
选定您需要的调速器图片（control.gif），按下"打开"按钮即可设定调速器图片。

图 4-38 选择"调速器"图片

点击"等待图"区域的 ▦ 按钮，然后在弹出的对话框中（如图4-39所示）选定需要的等待图图片（wait.gif），按下"打开"按钮即可设定等待图图片。

图4-39 选择等待图图片

🐚 **提示：**建议将工具条图和调速器图制作为透明图，这样图形文件占用空间较小，并且因为工具条总是以播放器的左下角定位，这样用户可以通过制作较大的透明图，在其中任意设定按钮的位置，既能灵活设置按钮，又可使播放器中的三维物体不被工具条遮住。

（二）按钮设定

在"定制播放器外观"对话框中选定"按钮"选项卡（如图4-40所示）：

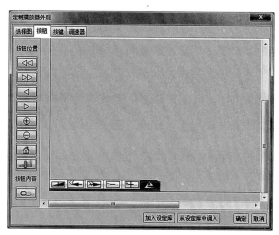

图4-40 "按钮"选项卡界面

左侧功能面板包括"按钮位置"和"按钮内容"共九个按钮功能键。具体如下：

按钮位置

◁◁：表示自动左转；

▷▷：表示自动右转；

◁：表示左转；

▷ : 表示右转；

⊕ : 表示放大；

⊖ : 表示缩小；

⌂ : 表示主页；

▬▬ : 表示调速器。

按钮内容

▭ : 表示设定主页。

右侧工作面板是按钮设定面板，该面板用来设定播放器工具条所需的功能和相应按钮位置及大小。初始状态下，系统将加载上次设定的工具条和按钮。如果是第一次定制工具条，则工作面板加载的是程序默认的工具条和按钮；如果用户希望使用自己定义的工具条，应该先在"选择图"中设定好调速器图和工具条图。

按钮设定的具体操作步骤如下：

（1）鼠标左键单击左侧功能面板上的相应功能按钮。此时在右侧工作面板（按钮设定面板）中将出现一个代表按钮位置和大小的选择框，即 ▭ 。

（2）移动上述选择框到工具条上的相应图标位置。您可以用鼠标点击其空白区进行拖动，变换位置。

（3）调整上述选择框的大小，使其大小与工具条上图标的大小一致。

可以通过选择框周围的八个句柄，调整其大小；同时该选择框也支持键盘操作，首先将焦点移到用户想调整的选择框上，此时选择框将出现调整句柄，用户可以通过"上、下、左、右"方向键微调其位置。按住 Ctrl 键，再按方向键则选择框将以 5 个像素为单位移动；按住 Alt 键，再按方向键则选择框将保持左上角不动，调整右边线和下边线的位置。

（4）如果不想设置该功能了，可以按 Delete 键或在选择框上点击鼠标右键将之删除。

（5）如果用户在工具条上设定了【主页】按钮，双击该选择框或点击左侧功能面板"按钮内容"下的 ▭ 按钮，会弹出"请输入网址"对话框。在该对话框中，输入相应网址，然后点击【确定】即可设定相应的网址（如图 4-41 所示）。

图 4-41 在弹出的对话框中输入网址

💡注意：

各功能键的选择框外观是一样的，但是从不同的按钮上拖下的选择框代表不同的功能，用户在设定时切不可弄混。

　　用户设定按钮时，可以只设置部分需要的功能。每项功能只能对应一个按钮，如果用户已经设定了该项功能，则左侧功能面板内表示该功能的按钮将变为无效状态，不能再设定。如果用户删除了该功能对应的选择框，则该按钮又会重新变为有效状态。

（三）按键设定

　　在"定制播放器外观"对话框中选定"按键"选项卡（如图 4-42 所示）：

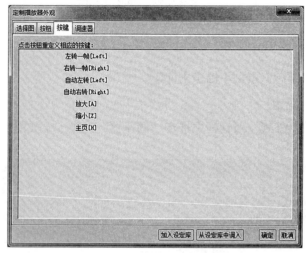

图 4-42　"按钮"选项卡界面

　　下方的"重定义"工作面板为"键盘设定"面板，该面板是用来设置与"按钮设定"中各功能键所对应的键盘快捷键的。初始状态将加载上次所设定的快捷键。如果用户首次进行按键设定，则系统将加载默认快捷键。

　　按键设定的方法如下：

　　（1）点击工作面板中欲设定的条目，该条目右侧将出现"重定义…"按钮（如图4-43 所示）。

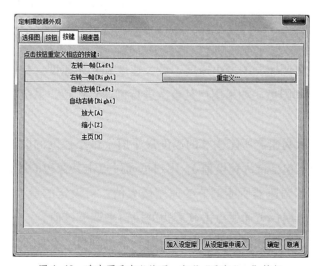

图 4-43　选中要重定义的项，出现"重定义…"按钮

（2）点击"重定义…"按钮，弹出"定义按键"对话框（如图 4-44 所示），在其输入框中按下您所希望使用的按键。则该按键将被设定为快捷键。

图 4-44 "定义按键"对话框

（3）选择快捷键后，点击【确定】即可。

（四）调速器设定

在"定制播放器外观"对话框中选定"调速器"选项卡（如图 4-45 所示）：

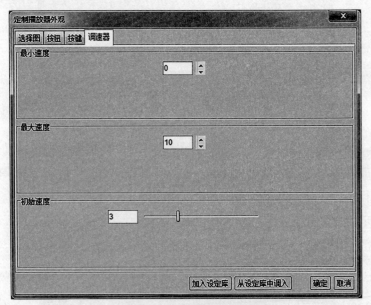

图 4-45 "调速器"选项卡界面

该面板可以设置调速器的最小速度、最大速度和初始速度。初始状态将加载上一次所设定的各参数和图形。如果用户是首次进行调速器设定，系统将加载默认参数和图形。

最小速度：表示调速器所能调节的速度最小值。最小速度的取值在 0 与最大速度之间（包括 0，但不包括最大速度值）。用户可通过点击其旁边的按钮来调节该值。

最大速度：表示调速器所能调节的速度最大值。可设定的最大速度值在 0-20 之间（包括 0 和 20）。用户可通过点击其旁边的按钮来调节该值。

初始速度：表示当播放器打开时物体自动转动的速度。初始速度的取值在最小速度和最大速度之间。该值可通过拖动其下方的滑杆来完成调节。

四、发布 360 度虚拟物体

点击菜单栏中的【输出】>【输出 360 度物体】或工具条中的 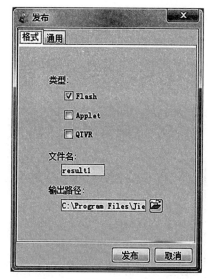，会弹出"发布设置"对话框（如图 4-46 所示）：

图 4-46 "发布设置"对话框

对其进行格式和通用设置后，点击【发布】按钮即可发布 360 度虚拟物体。

（一）格式设置

格式选项卡用来设置要发布的格式、文件名称、文件路径（如图 4-47 所示）。

图 4-47 "格式设置"对话框

类型：有三种发布格式可供选择（Flash/Java/QuickTime）。默认选中格式是"Flash VR"。如果没有选中任何一种发布格式，那么"发布"按钮无效。

文件名：指定文件名称。如果类型中的内容为空，那么"发布"按钮无效。

输出路径：指定文件输出路径。默认路径是"[安装路径]\output"。单击后面的按钮可以修改路径。

💡**注意**：发布 QTVR 类型时，其"输出路径"及"文件名"中不要包含中文字符，否则会导致发布的案例无法观看（例如：不要将 QTVR 类型发布到系统"桌面"上）。

（二）通用设置

通用选项卡用于设置各种发布格式共有的一些属性（如图 4-48 所示）。

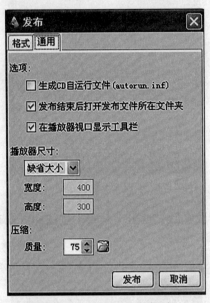

图 4-48　"通用设置"对话框

1. 选项

（1）生成 CD 自运行文件（autorun.inf）：默认状态不选中；选中即可以生成一个 CD 自动运行的引导文件 autorun.inf 文件。

（2）发布结束后打开文件所在文件夹：选中（默认）。路径定位在"安装目录\output\XXX"（XXX 表示用户在"格式选项卡"的"类型"中输入的文件夹名称）。如不选，发布结束后不做任何操作。

（3）在播放器视口显示工具条：选中（默认）。

2. 播放器尺寸

（1）选择"缺省大小"，系统根据裁剪后的图片大小自动给出播放器视口的大小（与裁剪后的图片大小一致），此时"宽"和"高"两个文本框无效。

（2）选择"用户定义"，播放器视口的大小由用户自己决定，此时"宽"和"高"两个文本框可用。文本框中只接受数字 0 ~ 9。

3. 图像压缩设置

设置图像压缩质量。单击右侧的预览按钮弹出效果预览框（如图 4-49 所示）：

图 4-49　"压缩"选项卡

五、将虚拟物体上传至网页

将发布的 360 度虚拟物体图像上传至您自己的网页上，具体方法如下：

（1）打开发布后生成的文件夹中的 index.html 文件。

（2）根据 index.html 页面中的提示，拷贝相应代码到自己页面的相应位置。

（3）拷贝资源文件到自己页面的相应位置：

（1）如果发布的是 Flash 格式的 360 度虚拟物体，则拷贝相关的资源文件（包括 index.html、result1.html、result1.swf、getFlash.gif、autorun.inf、thumb.jpg）到您的页面所在目录的相应位置，并保持所有文件的相对路径不变；

（2）如果发布的是 Applet 格式的 360 度虚拟物体，则拷贝相关的资源文件（包括 index.html、result1.html、result1.jpg、getsunjava.gif、result1.ser、autorun.inf、result1.js、thumb.jpg）到您的页面所在目录的相应位置，并保持所有文件的相对路径不变；

（3）如果发布的是 QuickTime VR 格式的 360 度虚拟物体，则拷贝相关的资源文件（包括 index.html、result1.html、result1.mov、getqt.gif、autorun.inf、thumb.jpg）到您的页面所在目录的相应位置，并保持所有文件的相对路径不变。

第五节　拍摄物体的方法与技巧

本节将详细介绍拍摄物体的具体方法与技巧。

一、拍摄物体的方法

与所有的摄影术一样，数码图像的拍摄（包括 360 度虚拟物体的拍摄）是个捕捉光对于不同的材质、表面和环境的反应的艺术。以下是一些可能在用户使用造型师制作高精度图像的过程中有益的建议。

（一）拍摄的背景准备

一个最基本的拍摄经验是当拍摄浅色物体时宜采用深色背景，而拍摄深色物体时宜采用浅色背景。这样做不但能使拍摄的物体从背景中凸现出来，还能节省很多采用图像处理技巧对拍摄结果进行处理的时间。下文中"拍摄的灯光要求"将解决如何根据拍摄的物体正确地选择灯光的问题。

（二）拍摄的灯光要求

在制作高精度图像的过程中，灯光可能是最重要的因素了，一般来说，灯光越好，图像质量越好，至于具体哪种灯光效果最好将取决于被拍摄的特定物体。因此，需要根据被拍摄物体不同的材质、形状和尺寸等而改变灯光的类型。

在拍摄物体时，应该仅使用热光或持续光。举例来说，白炽灯发出的就是热光，因为它发出的光量是连续持久的，所以在拍摄物体时可放心使用。而滤光灯或闪光灯就不能用于物体的拍摄了，另外由于日光灯管会高频闪烁（虽然肉眼难以察觉，但相机可以检测出来），在拍摄物体时应避免使用日光灯。

一般说来，柔和平稳的灯光将能创建均一而高精度的拍摄效果。明亮的、未打散的光线将会导致图像中的极"热"（亮白）区域和极暗的阴影（这种介于明暗之间的强烈对比被称作"对比度"）。散光灯（相对于聚光灯）的光更柔和，可以降低对比度。

如图 4-50 所示，一个标准的灯光配置包括了一个主光源和两个辅光源。主光源是用来照亮转台上的物体的。拍摄时需要考虑光是如何投射在物体上的，因为当光线照射的位置太高、太低或太偏都可能产生不规则的阴影并导致最终图像看上去与真实物体产生偏差。

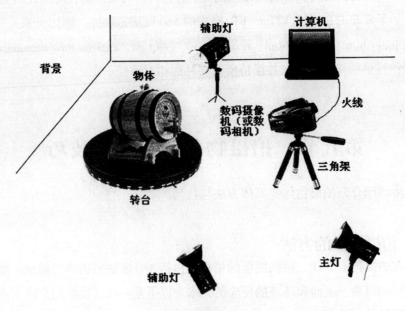

图 4-50   拍摄物体的灯光设置

辅助光源在这里被用于生成一个平和而均一的背景，使拍摄的物体得以突出。辅助光能配合主光，照亮由主光产生的阴影太重的区域。一般来说，一个良好的灯光背景应该是从上至下都是均一的。在被拍摄物体上投射的光线越均一，拍摄高质量图的可能性就越大。请参见"拍摄物体的技巧"了解更多使用辅助光的建议。辅助光源不是必需的，在一个深色背景前拍摄一个浅色物体，如果在背景上不打光，将会使物体更明显。实践中还会有不同的具体情况，应该调试不同的灯光设施以找到适合的拍摄方式。

（三）拍摄器材的连接

拍摄器材的连接主要是指与数码摄像机的连接，具体连接方法如下：

连接火线（FireWire&trade 或 iEEE1394）到摄像机的火线端口，连接火线（FireWire&trade 或 iEEE1394）的另一端到计算机的火线端口（如图 4-51 所示）。

连接火线到摄像机的火线端口　　　连接火线的另一端到计算机火线端口

图 4-51　拍摄器材的连接

💡注意：

某些计算机上的火线端口提供一个 4 针（小一些）的接口，但有的却提供 6 针（大一些）的接口（如图 4-52 所示）。这两种接口都可以使用。请检查计算机和照相机或摄像机以确定所需要的火线型号。请确保所有接口安全，并且确保在运行软件前，照相机或摄像机已处于 ON 的状态。

图 4-52　4 针（左）和 6 针（右）火线接口

有些数码摄像机称火线为 FireWire&trade，有些则称为 iEEE1394 或 iLink&trade。

（四）拍摄器材的设置

器材设置包括数码摄像机和其他方式，具体如下：

1.数码摄像机

在造型师软件中，使用数码摄像机进行视频捕捉时，必须将摄像机设置在它的正常"录制"模式，而不是"Playback（重播）"模式或"VCR（录像机）"模式。此外，将摄像机设为"Photo（照片）"模式（如果可能的话）将会对软件进行实况视频的捕捉有所帮助。

大多数较新型号的数码摄像机还支持一种影像录制模式，称为"累进扫描"（Progressive scan 或 P-scan）。由于这种模式能产生较高精度的图像（尤其在动态拍摄中），建议在使用造型师捕捉视频时选择累进扫描模式（前提是摄像机有这种功能）。传统的录制与播放视频的方式（电视播放）结合了两个分开的扫描区域来生成完整的图像。当一个摄像机设置在累进扫描模式，它能捕捉到的视频的每一帧作为一个完整的图像，而不是分为两个不同的区域。使用传统拍摄模式中的扫描区域也能捕捉软件所需的图像，但物体的转动将会使图像模糊，从而导致整体图像精度不如采用了累进扫描方式的。

大多数数码摄像机都有一系列的为使视频拍摄更简化的功能设置。然而，这些功能设置常使制作高精度 360 度虚拟物体图像的工作变得更困难。如果可能的话，建议把摄像机上的所有自动功能都设为手动控制。例如，如果摄像机有稳定性的选择，应将其关掉。如果未将其关掉，摄像机可能会尝试着在物体转动过程中跟踪它的转动，从而导致制作的 360 度虚拟物体看起来是甩动的。另外，如果摄像机有一个自动聚焦功能，也应该选择手动聚焦。因为当一个物体旋转时，摄像机可能会对摄像机与物体之间的距离变化来不及正常判断，所以焦距也会来不及改变，从而导致某些帧比其他帧要模糊，产生异常的效果。

💡**注意**：有些摄像机，可能并不提供上文中所述的功能。

2.其他方式

除了使用数码摄像机自动捕捉物体多角度图像，造型师也为用户提供了其他非自动方式来导入物体图像。用户可使用一个数码相机事先拍摄物体多角度图像。当使用数码相机拍摄物体图片时，请将其设置在手动模式，而不是自动模式。用户应该设置合适的图片质量和尺寸：图片的质量越好或者尺寸越大，生成的虚拟物体图像就质量越好或尺寸越大，但这同时也会占据较大的内存空间。一般说来，用户应该根据自身的需要来进行合适的设置：2048×1536×普通或 1024×768×精细。

如果确实需要，用户还可采用除了数码相机外的其他方式。用户甚至可使用普通胶片照相机来拍摄物体多角度图像后将其一张张地扫描到计算机中，或者自己画出一张张的物体多角度图片。

（五）白平衡

白平衡是一个校正相机色感器所判断为白色区域的方法。在不同的光线设定下（直射的太阳光、黄昏的光线和室内光线等）可能会产生许多阴影和泛白点。对相机进行白平衡则确保了在一定的灯光条件下，相机所应看到的真实的白色就是相机所拍摄到的白色。白平衡能有效地帮助用户对相机准确地进行色校。这一步应在做好灯光设置后进行，并应不断重复地调试。对相机如何进行白平衡的基本操作指导如下：

（1）将相机或摄像机移至白色背景前（或一张白纸）并确保其挡住了整个相机或摄像机的镜头。

（2）按相机或摄像机中的用户手册内容执行白平衡操作。

（3）在白平衡完成后，将相机或摄像机移开并聚焦物体。

💡**注意**：在摄像机的液晶显示器上所看到的可能不是所拍摄物体的真实反映，在计算机显示屏上所看到的影像将是最好的效果参照。

（六）曝光速度与光圈设置

曝光速度是指相机快门的开关速度，而光圈设置是指快门打开后使底片（若是数码摄像机则是指其 CCD 芯片）受照射的区域大小。为了生成在物体转动时能拍下的最动人的效果，应保证曝光速度和光圈设置在物体转动全过程中保持稳定不变。如果这些设置改变了，背景的亮度可能会随之改变，最终制作的旋转图像可能达不到理想的效果。拍摄的目的是尽可能捕捉最真实的视频或图像。面对不尽如人意的照明环境，用户需要调整相机或摄像机的曝光速度。在调整曝光速度前，应保证相机或摄像机的反白光功能已打开。当曝光时间延长时，图像的饱和度（颜色的亮度）也会增大。这可能对调色有好处，但过度的曝光将会导致过亮、惨白的失真效果。请注意应使用计算机显示器而不是摄像机探视镜或 LCD 作为判断图像质量的窗口，因为最终的图像效果将与用户在计算机显示屏上看到的效果最接近。

应对相机快门选择一个合适的设置（例如：1/60、1/250、1/500、1/1000 等），如果可能还应在设好的位置上锁住。一般相机上的"自动"设置不能产生令人满意的效果。可在相机用户手册中找到关于设置合适的快门速度的建议。

（七）帧调整

一旦所拍摄的物体已在转台上定位（参见下文"自动转台"），并且转台已开始旋转，应确保该物体在整个旋转过程中都能在造型师的视频捕捉窗口中保持整体可见。可调整摄像机的位置与方向，直至所摄物体已在每一帧的中心，并且保证在转动过程中物体没有哪部分跑到镜头外面去了。多数情况下，应保证相机镜头与物体在同一水平高度，这样可创建一个更自然的视角。

请用软件程序的捕捉窗口中显示的实况视频反馈来帧定位图像，不要使用摄像机上的探视镜来对图像进行帧定位。建议在生成最终结果前，先对图像进行正确的帧定位，将来也可以编辑图像以裁剪掉一些不必要的区域。

（八）自动转台

在最终的图像中，物体将整周旋转。为了实现这种效果，需要使用一个自动转台（如图 4-53 所示）。这种转台使用简单，因为它只有开（On）与关（Off）两种状态。当电源接通时，转台将会以一个特定的速度带动放置其上的物体旋转。在物体转动时，相机或摄像机可从多角度拍摄物体的图像。但是，还需特别注意一些制作 360 度虚拟物体的细节。

图 4-53　自动转台

转台应放在一个光洁、平滑、均匀的表面上，若将转台放在一个倾斜的表面上可能会导致物体从转台上滑落，而一个不平的表面可能会导致转台本身的抖动或颤动，从而产生晃动的图像效果。通常可通过在转台与不平表面间放置扁平物件来解决问题，例如，可在转台与地毯之间放置一张木板。

可能最让人头痛的问题是如何把物体放置在转台的中心位置上。如果物体未放在中心位置，将得到一个摆动的结果。另外，偏心物体（取决于重量）可能还会损坏转台。

欲了解更多关于转台的使用信息，请参见其使用手册。

二、拍摄物体的技巧

（一）一般要点

（1）熟悉照明、照相机或摄像机、转台及造型师软件。花时间研究每样物件的作用和它们是如何在一起工作的，这将能为您节省大量的拍摄时间，并能帮您更快速地制作出令人满意的效果。

（2）尽可能使用摄像机上的手动设置。

（3）在计算机显示器上使用视频反馈，而不是用肉眼直接观看显示器来判断效果的好坏。

（二）让虚拟物体"悬浮"起来

当准备拍摄一个单独的或不想要背景（或只需均一的背景）的物体时，最好在准备删掉的部分配置同样的颜色和材质。换句话说，如果在最终图像中欲将物体隔离出来，应使用同一或近似的材质和颜色来布置背景，以便删除。

1. 白色背景

如果自动转台是白色的，不需为配合背景而在转台上做任何覆盖，若为达到最佳效果，应尽量使欲删除的部分配套一致（包括背景幕与转台面）。

（1）使用白色背景幕，并用转台盖布（单独销售，专为自动转台设计）覆盖转台（如果转台是黑色的必须覆盖）。如果手头没有这种背景幕与盖布，应尽可能使用同种材料的背景幕和盖布。

（2）调整灯光以尽量减少阴影，直至满意。

一旦灯光设施已定位，按"白平衡"设置摄像机的反白光功能，设置时在物体前放一张白纸。

（3）当摄像机的反白光功能已设置好，观看监视窗继续进行摄像机的其他设置。

（4）可能不得不延长曝光以减少阴影。请注意不要过度曝光或曝光不足，当延长了曝光后，白色的背景似乎溶解成一片均一的白色了。记住：我们的目标是生成一个使360度虚拟物体在纯白的背景前"悬浮"的图像效果。

（5）当对监视窗里的图像满意后，点击"捕捉"按钮。

（6）拍摄完成后，在重播窗口观看效果以确保背景在整个物体旋转过程中是均一不变的。如果必要，调整摄像机的设置来弥补任何不妥之处并重拍物体。

2. 黑色背景

如果自动转台已经是黑色的，则不需为配合背景而在转台上做任何覆盖，若为达到最佳效果，应尽量使欲删除的部分配套一致（包括背景幕与转台面）。

（1）如果背景幕是黑色的，用黑纸或布覆盖转台面（如果转台是白色的必须覆盖，最好使用与背景幕相同的材质）。

（2）调整灯光，并且在背景幕和转台上减少灯光。还应使房间足够暗，以便更好地控制灯光，以及使黑色区域显得更暗。

（3）一旦灯光设施已定位，按"白平衡"设置摄像机的反白光功能，设置时在物体前放一张白纸。

（4）当摄像机的反白光功能已设置好，观看监视窗继续进行摄像机的其他设置。

（5）可能不得不延长或缩短曝光以保证在保持背景与转台较暗的同时，给予物体合适的拍摄亮度，请注意不要过度曝光或曝光不足。当延长了曝光后，黑色的背景将会变亮。当调整曝光的时候，应确保背景与转台不会在生成结果中发亮或者显得不是均一的黑色。记住：我们的目标是生成一个只有虚拟物体在纯黑的背景前显露出来的图像效果。

（6）当对监视窗里的图像满意后，点击"捕捉"按钮。

（7）拍摄完成后，在重播窗口观看效果以确保背景在整个物体旋转过程中是均一不变的。如果必要，调整摄像机的设置来弥补任何不妥之处并重拍物体。

（三）简易灯光与布景

或许不需要一个专业摄影棚，就能通过造型师拍摄出专业的物体系列多角度图像，有时使用最简单的设置仍可得到较满意的结果。例如，在一个普通房间内仅使用悬顶灯、一个台灯、一面平整的白墙和转台上的一片纸，就可得到虽不是最好，但已能满足一定要求的图像效果。如果还没有专业的拍摄设备，可从这种简易的灯光与布景开始。

（四）其他灯光技巧

1.反光卡片

使用反射光是一个为物体表面营造柔光的技巧。普通光源发出的光，通过在一个浅色或粗糙材料表面反射后最终散播在物体表面。用这种方式散播的光将比通过大多数散光器处理过的光更柔和、均匀。摄影器材店销售专门设计的各种材料、质地和颜色的反光卡片。然而，一块泡沫塑料或招贴用纸板也能起到这个作用。使用较硬材料的反光卡片可以更简单地定位并将光直接反射到物体上，而且也比较耐用。用反光卡片设置灯光，首先要摆放物体的灯光设施，然后放置反光卡片使光在其上反射后再投射到物体上。可通过不断实验调整反光卡片的位置以找到最佳效果。

2.散光器

散光是一个让光通过半透明的材料被打散与柔化后再投射到物体上的一种方法。有些灯自带了散光材料，但大多数情况下可通过在灯与物体之间放置散光材料的方法来打散光，例如，在灯前夹一张牛皮纸。

💡**注意**：不要把散光材料贴在光源上以防发生火灾。

（五）背景使用

拍摄物体的背景或背景幕主要是用于提供一个中性的表面，从而使拍摄的物体得以突出。当使用造型师软件的熟练程度提高后，可创造性地利用背景。有时，为了表现特定的风格，可能需要对物体的背景进行一番装扮以与物体匹配，而不是传统意义上的删除所有背景。例如，如果拍摄的是一双旅行靴，您可在其旁边放置石块或树皮之类的东西来表明旅行靴一般在何种环境下使用。在拍摄物体时可使用您对不同材料的联想和经验来进行创意组合。

（六）特殊物体拍摄

拍摄金属或易反光物体可能很棘手。强烈建议用不同的背景幕和照明来尝试达到所期望的效果。一般来说，由于金属和易反光物体会映射出它们周围环境的色彩和光度，最好的解决办法是使用黑色或白色背景幕。由于金属或类似物体的反光特性，需要对拍摄物体表面产生的特别白和特别黑的光点进行处理。由于我们的目的是得到一个看上去很自然的虚拟物体，可能会觉得给某些物体适当地留下一些发光效果还是可以接受的，有时甚至还是更真实好看的。因此，由于每件物体的不同特性，应该不断尝试以达到所期望的效果。

（七）物体中心定位

把物体在转台中心定位可能是件费脑筋的事。对于一个中轴对称的物体，如一个盒子或圆柱体，应努力确保物体各方向的边界与转台边之间是等距的，以防颤动。对于不对称的物体，中心定位就更难了。有时，把物体的最高点直接定位在转台的中心点上将生成满意的效果。当物体重心在中心点上时一般效果较好。例如，如果在拍摄一双牛仔靴，可能趋向于会把靴子的几何中心放在转台的中心点上。但这样做了以后，会发现靴子的重心好像在绕着一个看不见的中轴旋转，从而产生一种让人不适的感觉。如果以靴子的重心来定中心，会发现虚拟靴子在旋转过程中显得更正常了。每个物体都是不同的，因此建议对拍摄的物体进行反复的实验。

（八）重放 DV 带

在使用造型师制作 360 度虚拟物体时，可使用摄像机 DV 带上录好的已录制物体转动至少一圈的视频。因为如果没有至少一圈的转动视频，就无法看到物体的各个方面。然而，还应多拍一会儿，让物体多转一点。一整圈的旋转是最起码的，但很难保证在正好转了一圈的时间点按动不同的按钮。并且，还需要先把视频播放几秒钟后才在软件中开始捕捉视频。如果拍摄了物体的多圈的旋转过程，重放 DV 带与观看一个实况视频的效果是一样的。

（九）摄像机使用

在测试数码摄像机的时候，请注意当把它从 DCR 模式设为 VCR 模式时，用户可用 1394 端口捕捉视频；当把它从 DCR 模式设为照相机模式时，用户可在未选择录制功能的时候捕捉图像。

第六节　常见问题

一、错误信息

（一）造型师视频导入时的错误信息

问题："例子文件未找到！"

解答：请检查文件位置或文件名，并输入正确的路径和文件名。

（二）捕捉或载入视频时发生的错误信息

问题："未在您的计算机系统上检测到视频捕捉设备。本软件需要一个有效的视频捕捉设备，例如数码摄像机。"

解答：您的数码摄像机可能已经自动关闭。将摄像机关闭后重新打开，再一次开始捕捉过程。

　💡**注意**：有些摄像机在内有一个录像带时默认处于一个节能模式。还有一种可能就是火线的接线和接头被毁坏了。检查并确保接线和接头完好无损。请注意这种毁坏常常不易用肉眼察觉。退出软件，插入另一个火线到您的摄像机和计算机后再次运行软件。

（三）载入视频文件时发生的错误信息

问题："无法打开（或发布生成）mov 格式的文件。"

解答：请检查打开（或发布生成）的 mov 格式文件的目录路径中是否包含中文字符。

（四）运行造型师时发生的错误信息

问题："内存溢出，加载的图片过大；请将所有图片调整到同样尺寸。"

解答：当用户预览虚拟物体时极偶尔发生的一个错误。请检查是否导入了过多的图片，或有些图片的质量、尺寸相对其他图片来说过高、过大。如果以上对话框出现，请关闭软件界面，再次运行。

二、与摄像机有关的问题

（一）实况视频反馈未在软件窗口中出现

问题：摄像机是否已打开？镜头盖是否已拿掉？摄像机是否在"Stand By"模式？火线是否已连接摄像机和计算机？

解答：数码摄像机可能未正确地插入，或已经自动关闭。退出系统，检查摄像机和计算机之间的所有连接。为了确认计算机已与摄像机连接，可以：（1）双击"我的电脑"；（2）双击"控制面板"；（3）双击"系统设置"；（4）选择"设备管理器"选项。火线应该被列在"1394 总线控制器"下，而摄像机应该被列在"成像设备"下。一旦摄像机已正常工作，应检查其处于"ON"的状态后再次运行造型师。

（二）显示器上的实况视频有延时

显示器上的视频反馈将会表现出一个在数码摄像机拍摄和实况视频播放之间的轻微（短于 1 秒钟）的延时。这是摄像机和计算机连接后的正常运行情形，在拍摄您的物体图像时应将此因素加以考虑。然而，过长的延时（超过 5 秒）也可能会是计算机存在更严重问题的征兆。有时将计算机重新启动可消除一个过长的延时。

（三）从摄像机导出的视频晃动、模糊或不规则

问题：是否有不止一个摄像机接入了计算机的火线端口？

解答：拔掉或关掉您不在使用的摄像机。

问题：摄像机是否处于正常的工作状态？

解答：检查摄像机或火线端口未损坏。参考摄像机用户手册以得到更多帮助。

三、其他问题

（一）计算机显示器无显示

计算机显示器是否已打开或者计算机显示器的电源线已接入电源插座？显示器的视频线是否已紧密地接入了计算机的视频接口？如果仍有问题，请参考显示器的用户手册。

（二）计算机已死机或无反应

一个运行造型师时偶尔发生的错误，可能是由于计算机的内存不足而发生的。这时应退出所有打开的应用程序后重新运行造型师软件。

第五章
漫游大师操作方法

第一节　漫游大师简介

　　漫游大师是创建虚拟漫游的开发工具，它所制作出来的虚拟漫游可以被广泛运用于房地产展示、旅游景点介绍、宾馆酒店展示、在线展厅、汽车展示和城市景观展示等。观看者无须到现场即可获得身临其境的感受。无论是初学者还是制作虚拟漫游的专业人士，都能够运用漫游大师制作出令人满意的作品。

一、安装漫游大师

　　关闭其他正在运行的程序，并将加密狗安装到计算机的对应端口上：USB 狗安装到 USB 口上，并口狗安装到计算机的并行口上（即打印机端口）。

　　（1）双击运行漫游大师安装程序，将出现如图 5-1 所示界面：

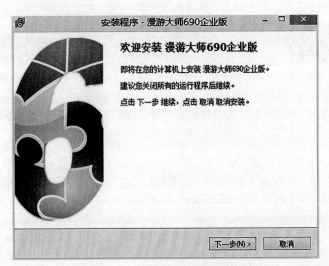

图 5-1　"漫游大师"安装界面

　　（2）点击【下一步】，进入版权许可界面（如图 5-2 所示）。阅读版权许可后，请选择"我同意"，然后按【下一步】继续安装：

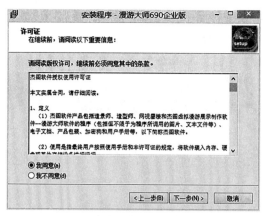

图 5-2　版权许可界面

（3）出现"选择安装文件夹"界面（如图 5-3 所示），点击【上一步】可以回到先前的界面，或者按【取消】停止安装。选择相应的文件夹安装漫游大师，点击【下一步】继续安装：

图 5-3　"选择安装文件夹"界面

（4）出现如图 5-4 所示界面，选择在【开始】菜单的哪个文件夹下创建软件的快捷方式；或者可以选择不要在【开始】中创建任何目录，文本框将变成灰色，用户将无法选择。点击【下一步】进入下一个安装步骤：

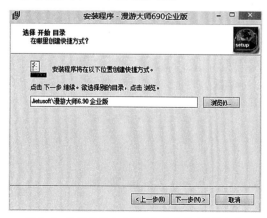

图 5-4　选择是否在【开始】菜单创建快捷方式

（5）在如图 5-5 所示的界面中，选择是否愿意参加用户体验改进计划。然后点击【下一步】进入下一个安装步骤：

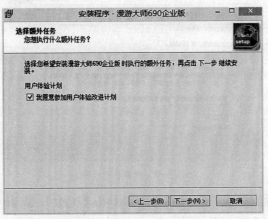

图 5-5 选择是否愿意参加用户体验改进计划

（6）在如图 5-6 所示的界面中，点击【安装】按钮开始安装，如果在这个窗口中选择【取消】，那么将退出安装程序，软件无法成功安装：

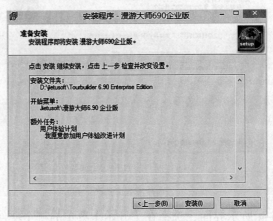

图 5-6 确认安装信息

（7）显示了软件的安装过程（如图 5-7 所示）：

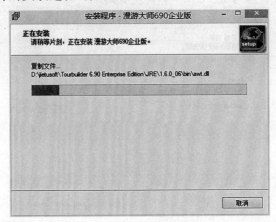

图 5-7 显示安装信息

（8）安装完成后显示如图 5-8 所示界面：

图 5-8 安装完成界面

（9）请根据所购软件配备的加密狗类型：USB 狗或并口狗，在如图 5-9 所示界面中选择相应的驱动程序进行安装：

图 5-9 安装加密狗驱动程序

注意：如果曾经购买并安装过造景师或者造型师，请忽略安装加密狗驱动程序。

二、卸载漫游大师

可以通过以下两种方式来卸载漫游大师：

（1）通过【开始】菜单中的快捷方式来卸载。选择【开始】>【所有程序】>【Jietusoft】>【卸载漫游大师】；

（2）在【控制面板】中点击【添加或删除程序】来卸载。

第二节 程序界面

漫游大师的程序界面由菜单栏、工具条、工具箱、舞台及面板组成（如图 5-10所示）：

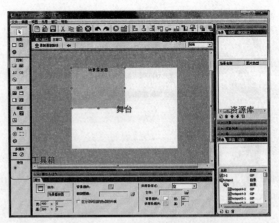

图 5-10　漫游大师程序界面

一、工具条

（一）主工具条

主工具条主要是放置软件的常用操作（如图 5-11、图 5-12 所示）：

图 5-11　主工具条按钮图标

图标	功能
	同*文件>新建工程*（Ctrl+N）
	同*文件>打开*（Ctrl+O）
	同*文件>保存*（Ctrl+S）
	同*编辑>剪切*（Ctrl+X）
	同*编辑>拷贝*（Ctrl+C）
	同*编辑>粘贴*（Ctrl+V）
	同*编辑>删除*（Del）
	同*编辑>撤消*（Ctrl+Z）
	同*编辑>重做*（Ctrl+Y）
	同*文件>预览*（Ctrl+Enter）
	同*文件>发布*（Shift+F12）

图 5-12　主工具条按钮功能

（二）布局工具条

布局工具条主要是对组件进行一些布局操作，包括对齐、组合等（如图 5-13、图 5-14 所示）：

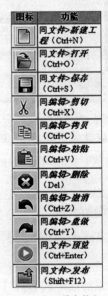

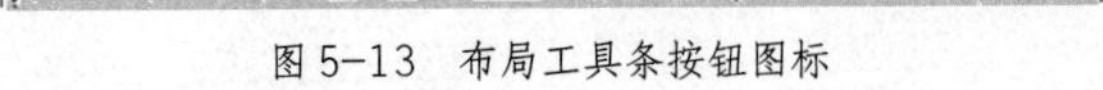

图 5-13　布局工具条按钮图标

图标	功能
	同**布局**>**左对齐**，将组件左对齐
	同**布局**>**水平居中**，将组件水平居中对齐
	同**布局**>**右对齐**，将组件右对齐
	同**布局**>**顶部对齐**，将组件顶部对齐
	同**布局**>**垂直居中**，将组件垂直居中对齐
	同**布局**>**底部对齐**，将组件底部对齐
	同**布局**>**水平等间距**，将多个组件设置水平等间距
	同**布局**>**垂直等间距**，将多个组件设置垂直等间距
	同**布局**>**置于顶层**，将组件置于顶层显示
	同**布局**>**置于底层**，将组件置于底层不显示
	同**布局**>**组合**（Ctrl+G），将若干组件结合成一个组合
	同**布局**>**取消组合**（Ctrl+Shift+G），将一个组合拆分成若干组件

图 5-14 布局工具条按钮功能

二、舞台

舞台是载入窗口、主窗口和弹出窗口的编辑场所（如图 5-15 所示）：

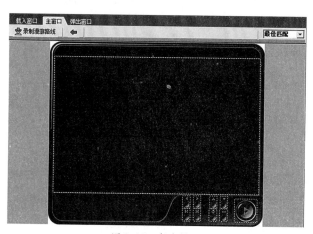

图 5-15 舞台界面

载入窗口：主要是用来设置装载整个虚拟漫游时出现的等待图及其进度条。此等待图不仅支持 jpg、bmp、gif 格式，同时也支持 swf 格式。

主窗口：主要是用来编辑虚拟漫游皮肤、添加热点和雷达、录制漫游路线等。

弹出窗口：主要是用来为弹出式菜单设计，或者其他元素的弹出容器。

💡**注意：**

在主窗口中有两个按钮：录制漫游路线和返回。当按下"录制漫游路线"按钮后，则进入漫游路线的录制状态，且会自动弹出录制漫游路线面板；按下"返回"按钮，则返回皮肤编辑状态。

（一）缩放

舞台中的主窗口可以按照指定的缩放比例进行显示。要在屏幕上查看整个舞台或要以高缩放比率查看绘图的特定区域，可以更改缩放比率级别。要放大或缩小舞台的视图，请执行以下操作之一：

（1）要放大或缩小整个舞台，请选择视图 > 放大 或视图 > 缩小。

（2）要放大或缩小特定的百分比，请选择视图 > 缩放比率，然后从其子菜单中选择一个百分比；或者从右上角的缩放框中选择或输入一个百分比。

（3）要缩放舞台以完全适合应用程序窗口，请选择视图 > 缩放比率 > 最佳匹配；或者从右上角的缩放框中选择最佳匹配。

💡**注意**：舞台上的最小缩小比率为 8%、最大放大比率为 800%。

（二）移动舞台视图

在舞台区域内显示的窗口可以通过滚动条来移动。放大了舞台以后，可能无法看到整个舞台，可以通过滚动条移动舞台，从而不必更改缩放比率即可改变视图的位置。

三、工具箱

工具箱是各个组件的集合体（如图 5-16、图 5-17 所示）：

组件	说明	功能
	指针	-
	场景播放器	用来播放场景
	地图播放器	用来播放地图
	百度地图播放器	用来播放百度电子地图
	按钮	用来控制场景播放、地图播放的组件，比如控制场景的自动左转、场景的自动右转等
	漫游路线控制器	-
	速度控制器	用来控制场景的旋转速度
	指南针	标明场景的南北两极
	缩略图	-
	组合框	-
	列表框	-
	Flash缩略图	缩略图的外观样式为Flash
A	文本	-
	图像	-
	文本框	-
	热点	场景、地图中都可以添加热点，用来切换到其它场景等
	多边形热点	场景、地图中都可以添加多边形热点，用来切换到其它场景等
	雷达	只能在地图中添加雷达，用来识别对应场景的具体方位
	视频	可以在全景图上或者主窗口、弹出窗口中加入视频文件
	Flash	可以在全景图上或者主窗口、弹出窗口中加入Flash文件
	眩光	可以在场景中添加眩光效果
	飞出媒体	可以在弹出一组图片
3D	3D组件	可以添加3ds建模文件

图 5-16　工具箱按钮图标　　　　　　　图 5-17　工具箱按钮功能

四、面板

漫游大师中共包含六个面板：属性 & 动作面板、录制漫游路线面板、列表面板、对象面板、皮肤列表面板、库面板。

提示： 漫游大师中的所有面板都可以进行隐藏、拖动等操作。

（一）属性 & 动作面板

属性 & 动作面板是用来设置当前被编辑组件的外观和动作，它包括属性面板和动作面板两个部分。其中，动作是给当前被编辑组件添加单击该组件时的响应事件。

1. 属性面板

通过属性面板，可以设置当前被编辑组件的外观（如图 5-18 所示）：

图 5-18　属性面板

2. 动作面板

通过动作面板，可以设置当前被编辑组件的动作（如图 5-19 所示）：

图 5-19　动作面板

动作列表：漫游大师为组件提供各种不同的动作，可以将这些动作分为：针对场景的动作、针对声音的动作、针对窗口的动作、针对地图的动作、针对漫游路线的动作及针对其他杂项的动作。

3. 按钮（如表 5-1 所示）

图标	功能
✚	给选定的组件添加一个单击响应事件或替换同一类别的响应事件，最后会在事件列表中显示添加或替换后的响应事件
▬	删除事件列表中被选定的响应事件

表 5-1　按钮功能

事件列表：列出了当前组件的动作所引发的具体事件内容。

要显示 / 隐藏属性 & 动作面板，选择窗口 > 属性 & 动作面板即可。

注意：只能在下列组件中添加动作：按钮组件、文本组件、图像组件及热点组件，即只有选择这些组件后才会出现其动作面板，并对其添加相应的动作。

（二）录制漫游路线面板

录制漫游路线面板默认情况下被关闭，当需要编辑漫游路线时，必须点击位于主窗口中的 录制漫游路线 按钮。此时，场景播放器就变成漫游路线的显示窗口，而录制漫游路线面板也会随之弹开（如图 5-20 所示）：

图 5-20　录制漫游路线面板

录制漫游路线按钮：点击该按钮后，会弹出录制漫游路线面板，此时即可进行漫游路线的录制。

返回按钮：点击该按钮后，即退出录制漫游路线状态，返回到皮肤编辑状态。

选择场景按钮：录制漫游路线过程中，点击该按钮，进行场景切换。

按钮功能（如表 5-2 所示）：

图标	功能
	新建一条漫游路线
	删除当前选中的漫游路线
	设置当前的漫游路线为默认漫游路线
	播放当前的漫游路线
	导出选中的漫游路线为视频文件
	在当前的漫游路线中插入一帧
	删除当前帧

表 5-2　按钮功能

列表区：用来显示当前工程中的所有漫游路线。

时间轴：表示每帧在时间轴中的哪个时间点播放。时间轴就是一个刻度表，每隔5秒钟由一个数字显示，每一个小的刻度代表1秒钟。

时间指针：用于协调帧之间的时间长度及间隔。

帧区域：显示漫游路线列表区中所有漫游路线的帧。帧之间的衔接如表5-3所描述。

条件			帧之间显示的结果	视图
某一漫游路线上	前、后两帧在同一场景上	时间间隔≥1	前一帧与后一帧用带箭头的直线连接	▯→▯→
		无时间间隔	不带箭头的直线连接	→▯-▯-
	前、后两帧在不同的场景上	时间间隔≥1	背景色为淡蓝色的带箭头的直线连接	▶▯→▯-
		无时间间隔	不带箭头的直线连接	→▯-▯-

表5-3　帧之间的衔接

帧显示方式按钮：帧可以按正常或者预览两种方式显示在帧区域中（如表5-4所示）：

按钮	下拉菜单项	提示	示意图
▣	正常	帧	→▯-▯▯——▯———▯——▯
	预览	预览	（图片缩略图示意图）

表5-4　帧在帧区域中显示方式

要显示录制漫游路线面板，请执行以下操作：

（1）在主窗口中放置场景播放器组件；

（2）在列表面板 > 场景列表中导入场景；

（3）点击主窗口中的 ▮录制漫游路线 即可。

要退出录制漫游路线面板，请执行以下操作：

（1）点击主窗口中的 ⇐ ；

（2）或者任意双击主窗口中的除场景播放器以外的任何地方。

🔸 提示：漫游大师中增加默认漫游路线功能，如果某一条漫游路线被设置为默认漫游路线，则该漫游路线的文件名后会出现一个默认漫游路线的标志。同时在这里设置了默认漫游路线后，发布设置中的默认漫游路线会与其一致（如图5-21所示）：

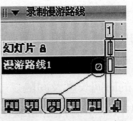

图 5-21 默认漫游路线功能

（三）列表面板

列表面板是用来管理虚拟漫游工程中的场景、地图资源，包括场景列表、地图列表。

要显示列表面板，选择窗口 > 列表面板即可。

1. 对象面板

对象面板是用来显示主窗口中已添加的所有组件的名称和类型，可以对这些组件进行剪切、复制、粘贴、删除和重命名操作（如图 5-22 所示）：

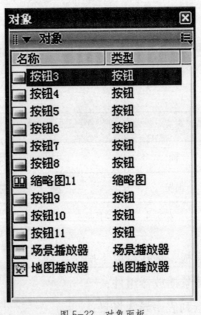

图 5-22 对象面板

要显示对象面板，选择窗口 > 对象即可。

点击对象面板中所列的对象名称，主窗口中该对象对应的组件即会被选中，同时出现该组件的属性 & 动作面板，可以对其进行属性 & 动作设置。

2. 皮肤列表面板

皮肤列表面板是存储和组织虚拟漫游皮肤的地方。可以将当前虚拟漫游的皮肤导出到皮肤列表面板中，也可以删除已有的皮肤，还可以组织皮肤列表面板中的皮肤（如图 5-23 所示）：

图 5-23　皮肤面板

点击图标可以实现以下功能（如表 5-5 所示）：

图标	功能
☐	添加皮肤到皮肤列表面板中
☐	添加一个文件夹，用来组织皮肤列表面板中的皮肤
☐	删除选定的文件夹或者皮肤
☐	链接到 http://www.jietusoft.com/skin.html 页面获取更多的皮肤资源

表 5-5　图标及功能

要显示皮肤列表面板，选择窗口 > 皮肤列表 即可。

五、菜单栏

菜单			描述	快捷键
文件	新建工程		—	Ctrl+N
	打开工程		—	Ctrl+O
	保存工程		—	Ctrl+S
	另存为		—	—
	优化		删除多余的文件并保存工程	—
	导出皮肤		将皮肤保存到皮肤列表面板中	—
	预览		—	Ctrl+Enter
	发布		—	Shift+F12
	最近的工程		显示最近打开过的工程文件	—
	退出		—	Ctrl+Q
编辑	撤销		—	Ctrl+Z
	重复		—	Ctrl+Y
	剪切		—	Ctrl+X
	复制		—	Ctrl+C
	粘贴		—	Ctrl+V
	删除		—	Del
	全部选择		—	Ctrl+A
	首选参数		设置整个虚拟漫游的首选参数	Ctrl+U
视图	语言		—	—
	放大		—	Ctrl+=
	缩小		—	Ctrl+-
	缩放比率		可选择 25%、50%、100%、200%、400%、800%	
	标尺		显示在主窗口的左沿和上沿，其默认度量单位为像素	Ctrl+Alt+Shift+R
	网格	显示网格	—	Ctrl+'
		对齐网格	—	Ctrl+Shift+'
		编辑网格	可设置网格颜色、水平间距、垂直间距	Ctrl+Alt+G
	辅助线	显示辅助线	—	Ctrl+;
		锁定辅助线	—	Ctrl+Alt+;
		对齐辅助线	—	Ctrl+Shit+;
		编辑辅助线	—	Ctrl+Alt+Shift+G
		清除辅助线	—	—

布局	左对齐		—	—
	水平居中		—	—
	右对齐		—	—
	顶部对齐		—	—
	垂直居中		—	—
	底部对齐		—	—
	水平等间距		—	—
	垂直等间距		—	—
	置于顶层		—	—
	置于底层		—	—
	组合		将若干组件结合成一个组合	Ctrl+G
	取消组合		—	Ctrl+Shift+G
窗口	工具条	主工具条	—	—
		布局工具条	—	—
	工具箱		—	—
	列表		显示 / 隐藏列表面板	—
	对象		显示 / 隐藏对象面板	—
	库		显示 / 隐藏库面板	—
	皮肤列表		显示 / 隐藏皮肤列表面板	—
	录制漫游路线		显示 / 隐藏录制漫游路线面板	—
	属性与动作		显示 / 隐藏属性与动作面板	—
	面板设置	默认布局	—	—
	保存面板布局		保存自定义的面板布局	—
	管理		重命名 / 删除自定义的面板布局	—
帮助	帮助主题		如何使用漫游大师软件	—
	www.jietusoft.com		访问杰图网站	—
	关于漫游大师		关于漫游大师的信息	—

表 5-6 菜单栏

第三节　快速入门

本节是对漫游大师入门操作的基本流程讲解，通过以下操作步骤，可以快速制作一个满足当前基本需要的漫游效果：

新建或者打开工程 > 导入皮肤 > 导入场景和地图 > 添加热点 > 添加雷达 > 录制漫游路线 > 发布漫游。

下面通过一个实例来了解虚拟漫游的基本制作过程。

一、新建或者打开工程

实例描述：通过下面的实例，实现一个两层别墅中楼梯之间上下两个空间之间（一楼客厅和二楼门廊）的链接和交互。

首先，启动漫游大师软件，会出现如图 5-24 所示界面，从中选择 📄新建工程 ，也可以选择"打开最近工程"，直接调用之前编辑过的工程文件。

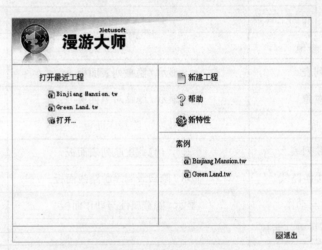

图 5-24　程序开始界面

* 工程：

使用漫游大师制作虚拟漫游时，首先需要在漫游大师中创建一个新工程。当要中断制作或退出漫游大师软件时，可以将已经进行的操作和设置等保存成工程（即保存成 .tw 文件）。这样，在下次使用漫游大师时就可以直接打开工程继续制作，而不用重头再来，这无疑节省了大量的时间和精力。

二、导入皮肤

新建工程后，出现下图界面，从中我们选择软件自带的皮肤模板（如图 5-25 所示）：

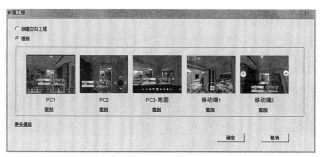

图 5-25 "新建工程"对话框

也可以从中选择空白模板，进入软件后，导入自制的皮肤背景图像并在皮肤上添加组件。

💎 提示：漫游大师中，为了节省时间和精力，还可以通过皮肤列表面板将现有的皮肤模板或之前导出的皮肤，导入到当前的工程中。

导入皮肤到当前工程中的步骤如下：

（1）在皮肤列表中选定待导入的皮肤；

（2）双击选定的皮肤；

（3）在弹出的对话框中点击确定按钮，则将选定的皮肤应用到当前工程中。

💡注意：

应用皮肤时，当前工程皮肤上已经设定的一些属性可能需要重新设置，比如列表框组件的内容值等。同时不仅可以将本地已制作好的皮肤文件添加到皮肤列表面板中，也可以将当前工程中的皮肤导入皮肤列表面板中，以便下次应用。

（1）将当前工程中的皮肤导出到皮肤列表面板步骤如下：

①点击菜单【文件】>【导出皮肤】。

②在弹出的对话框中输入皮肤的文件名和选定皮肤类别文件夹。

③点击【保存】按钮，则将当前工程的皮肤保存到皮肤列表面板中。

（2）导入本地制作好的皮肤到皮肤列表面板中（如图 5-12 所示），步骤如下：

①打开皮肤列表面板。

②在皮肤列表面板中点击🗐。

③在弹出的对话框中，选定需要导入的皮肤文件。

④点击【打开】按钮，则将选定的皮肤导入到皮肤列表面板中（如图 5-26 所示）：

图 5-26 皮肤列表

三、导入场景和地图

新建工程、导入皮肤后，紧接着就可以导入场景和地图了。

（一）导入场景

（1）在【列表面板】中点击【场景列表】，单击 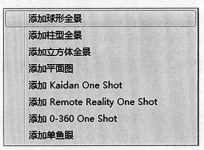，出现如图 5-27 所示界面：

图 5-27　添加场景

（2）从出现的下拉菜单中选择场景的类型，如：添加球型全景；

（3）在弹出的"打开"对话框中，选择需要导入的场景文件（如图 5-28 所示）；

（4）按下【打开】按钮即可导入场景文件。

图 5-28　选择需要导入的场景文件

　　重复上述步骤可导入多个场景文件；或在弹出的"打开"对话框中，选中需要导入的多个场景文件，按下【打开】可以同时导入多个场景文件。

　　此处导入场景效果（如图 5-29 所示）：

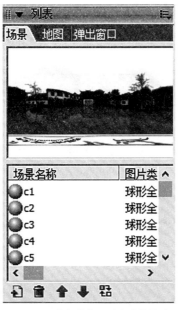

图 5-29　将场景导入列表后的效果

（二）导入地图

方法一：

（1）在列表面板中点击地图列表，单击 ⊡ 按钮；

（2）在弹出的"打开"对话框中，选择需要导入的地图文件，按下【打开】按钮即可。

重复上述步骤可导入多个地图文件；或在弹出的"打开"对话框中，选中需要导入的多个地图文件，按下【打开】按钮也可以同时导入多个地图文件。

此处导入地图效果（如图 5-30 所示）：

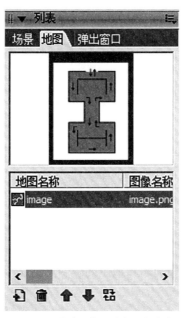

图 5-30　将地图导入列表后的效果

方法二：

点击地图播放器上的加号导入地图（如图5-31所示）：

图5-31　点击加号导入地图

💡 **提示**：漫游大师新版本与以前的老版本相比，支持导入更多的场景类型（如表5-7所示）：

支持的场景类型	功能
添加球型全景	导入球型全景
添加柱型全景	导入柱型全景
添加平面图	导入平面图
添加 Kaidan One Shot	导入 Kaidan One Shot
添加 Remote Reality One Shot	导入 Remote Reality One Shot
添加 0-360 One Shot	导入 0-360 One Shot
添加单鱼眼	导入单鱼眼
添加立方体全景	导入立方体全景

表5-7　漫游大师新版本

其中，One Shot 是指一种能够一次性360度成像的镜头。Kaidan One Shot、Remote Reality One Shot、0-360 One Shot 分别为 Kaidan、Remote、0-360 三个公司不同的 One Shot 类型。Kaidan 为柱模型，另外两个公司为球模型。其他 One Shot 用户根据 One Shot 厂家介绍，设置相应的模型属性。

另外，漫游大师中的场景文件、地图文件支持 .jpg、.bmp、.gif、.png 等多种格式。

四、添加热点

导入场景和地图后，场景列表和地图列表中分别显示了所导入的场景名称及地图名称（如图5-32所示）：

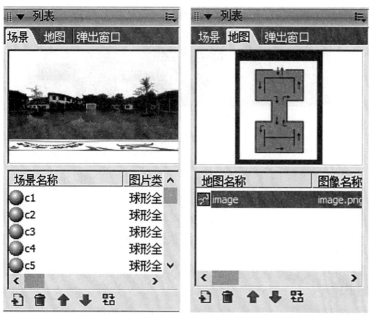

图 5-32　导入了场景和地图以后的效果

　　此时可以给场景和地图添加热点了。通过添加热点，可以从一个场景链接到另一个场景，从而将不同场景关联起来，达到漫游互动的效果。具体方法如下：

　　（1）在列表面板的场景列表中双击需要添加热点的场景（比如上图中的场景 pre_1_20），主窗口中的场景播放器会显示相应的场景；

　　（2）选择工具箱中的【热点】组件◉，拖动热点到场景中，在相应位置单击鼠标，热点组件就添加到场景中（对于场景 pre_1_20,添加一个热点在场景 pre_1_21 的位置）（如图 5-33 所示）：

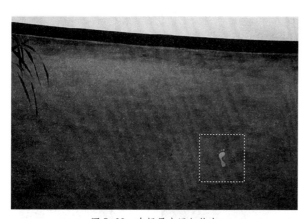

图 5-33　在场景中添加热点

　　（3）在主窗口下方出现此热点的属性 & 动作面板点击其动作面板 > 🔲场景/漫游路线，双击➲链接场景按钮，从中选择要链接的场景及过渡效果，按下【确定】按钮（对于场景 pre_1_20，选择链接场景 pre_1_21）（如图 5-34 所示）：

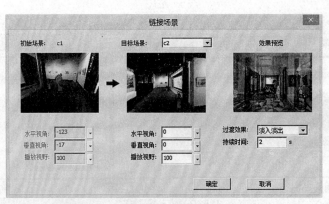

图 5-34　选择要链接的场景和过渡效果

重复上述步骤，同样也给场景主展厅添加链接到场景规划展示区的热点。

五、添加雷达

给场景添加完热点后，可以切换到地图部分，给地图添加雷达。通过添加雷达，可以把场景与地图同步起来，方便观看场景时识别它在地图上的方位。具体方法如下：

（1）在列表面板的地图列表中双击需要添加雷达的地图（比如之前添加的地图 image0），主窗口中的地图播放器会显示相应的地图；

（2）选择工具箱中的【雷达】组件 ⚙️，拖动雷达到地图播放器，点击地图中相应的位置，雷达就添加到地图中。

（3）在主窗口下方出现此雷达的属性 & 动作面板，在属性面板中，点击【同步设置】按钮 ⚙️。

（4）在弹出的内容对话框中按其说明，设置雷达与场景的方向同步（设置地图 image0 与场景 pano_1 同步）（如图 5-35 所示）：

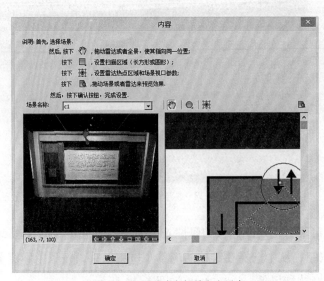

图 5-35　设置雷达与场景方向同步

重复上述步骤，设置地图 image0 与场景主展厅同步。

六、录制漫游路线

添加热点和雷达后，我们就可以给场景录制漫游路线了。通过录制漫游路线，我们可以设置一条默认的漫游路线。待虚拟漫游发布后，观看者就可以按照制作者的思路来观看整个虚拟漫游。具体方法如下：

（1）上一步添加雷达后，主窗口处于地图编辑状态，此时我们需要先返回到普通状态，点击主窗口中的 ⇦。

（2）返回普通状态后，点击主窗口中的 🎙录制漫游路线，出现如图5-36所示界面：

图5-36　录制漫游路线界面

（3）在录制漫游路线面板中单击 🔳 新建一条漫游路线（如图5-37所示）：

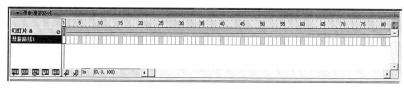

图5-37　新建漫游路线

（4）在第一秒点击 🔳，插入一帧；在第20秒点击鼠标，然后向右拖动场景播放器中的场景一圈。

（5）再次点击 🔳，即插入第二帧；在第22秒点击鼠标，然后点击主窗口上方的 🔳，出现所有导入场景的下拉菜单，从中选择场景10，此时场景播放器中的场景切换到场景10。

（6）再次点击 🔳，即插入第三帧；在第30秒点击鼠标，然后点击场景播放器中的缩小按钮 🔳，缩小到最小值时，再次点击 🔳，即插入第四帧。

（7）然后点击 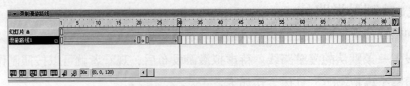，将漫游路线 1 设置为默认漫游路线。至此漫游路线制作完毕（如图 5-38 所示）：

图 5-38　漫游路线制作完毕

（8）再次点击 ←，返回到主窗口的普通状态即可。

七、发布漫游

完成了皮肤的导入、场景和地图的导入、添加热点、添加雷达及制作漫游路线后，整个工程就差不多完成了，此时就可以对其进行发布。具体方法如下：

（1）点击"主工具条"中的【发布】按钮，出现如图 5-39 所示界面：

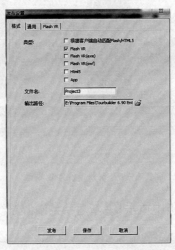

图 5-39　"发布设置"界面

（2）选择类型，设置文件名，选择输出路径，点击【发布】即可发布一个虚拟漫游。

第四节　进阶操作

一、皮肤的制作

皮肤的制作过程包括：新建皮肤以及添加组件、组件的对齐、组件的属性、制作组合。

（一）新建皮肤以及添加组件

（1）点击【文件】> 新建工程，出现新建工程界面（如图 5-40 所示）：

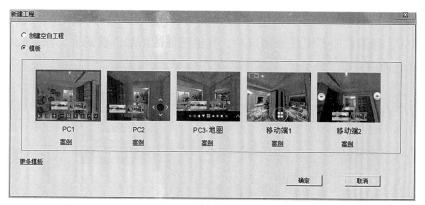

图 5-40　"新建工程"界面

（2）从中选择模板"空白"，然后确定，进入皮肤编辑面板。

💡注意：

①和浏览器窗口同样大小：设置浏览窗口与浏览器窗口大小匹配。如果选中此项，那么发布虚拟漫游后，如果在屏幕分辨率为 1024×768 下观看虚拟漫游，那么主窗口的宽度值近似为 1024，如果在屏幕分辨率为 1440×900 下观看虚拟漫游，那么主窗口的宽度近似为 1440。此时显示在主窗口的属性面板上的宽度 / 高度仅是当前值，实际值会根据页面自动变化，你可以通过预览（调节预览窗口）或者发布，观看最终的效果。在此模式下不可添加皮肤、背景图像等。因为背景图像不会随主窗口的宽度 / 高度变化，一直是以左上角为基准显示的。

②固定尺寸：设置浏览窗口的高度与宽度，其发布后显示的大小是固定的，如果设置宽为 800，在屏幕分辨率为 1024×786 下观看虚拟漫游，那么主窗口的宽度近似值将为 800，在屏幕分辨率为 1440×900 下观看虚拟漫游，主窗口的宽度近似值还是为 800。也就是说，固定了窗口尺寸以后，显示的尺寸将不会随着屏幕分辨率的改变而改变。此时显示在主窗口的属性面板上的宽度 / 高度仅是当前值，实际值会根据背景图像的大小来自动变化，你可以通过预览（调节预览窗口）观看最终的效果。在此模式下可添加皮肤、背景图像等。

（3）单击皮肤编辑界面的空白区域，属性 & 动作面板中出现其属性面板（如图 5-41 所示），设置虚拟漫游标题、背景图像或背景颜色。

图 5-41　主窗口属性 & 动作面板

（4）添加工具箱中的各个组件到皮肤中的相应位置，如场景播放器、地图播放器、按钮、缩略图等等。操作步骤如下（以添加全景播放器为例）：

单击工具箱中的场景播放器组件■，然后将鼠标移动到皮肤中的相应位置，再次单击鼠标，场景播放器组件添加成功。其他组件的添加方法同上，添加完成后，界面如图 5-42 所示：

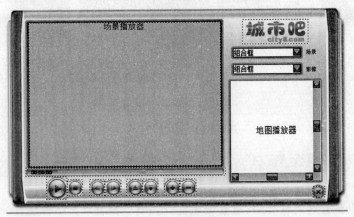

图 5-42　添加播放器成功

注意：主窗口中只能添加一个场景播放器、一个地图播放器。

提示：选中已经添加的组件如按钮■，同时按下 Ctrl 键，然后拖动鼠标左键，释放后组件即被复制粘贴。此方法可以方便地添加同类组件到工程中。

（二）组件的对齐

在皮肤中添加了很多组件后，各组件位置可能比较零乱，可以通过布局工具条、网格、标尺及辅助线对其进行对齐操作。

（1）通过布局工具条对组件进行对齐，具体方法如下：

①一次性选中需要对齐的多个组件；

②点击布局工具条中的相应按钮，即可实现多个组件的各种对齐。

（2）同时可以使用标尺、辅助线和网格对组件进行对齐，具体方法如下：

①使用标尺

当显示标尺时，它们将显示在主窗口的左沿和上沿。标尺的默认度量单位为像素。在显示标尺的情况下移动主窗口中组件时，将在标尺上显示一个黑色矩形区域，指出该组件的尺寸。

显示/隐藏标尺的方法：选择视图>标尺；或在皮肤上点击鼠标右键，在右键菜单中选择标尺。

②使用辅助线

如果显示了标尺，可以将水平和垂直辅助线从标尺上拖动到主窗口中。您可以移动、锁定、隐藏和删除辅助线，也可以使组件贴紧至辅助线，更改辅助线颜色，清除主窗口中的所有辅助线。

显示/隐藏辅助线的方法：选择视图>辅助线>显示辅助线；

打开/关闭贴紧至辅助线的方法：选择视图 > 贴紧 > 贴紧至辅助线。

③使用网格

当在工程中显示网格时，将在皮肤中显示一系列的网格。您可以将组件贴紧至网格，也可以修改网格大小和网格颜色。

显示/隐藏网格的方法：选择视图 > 网格 > 显示网格；

打开/关闭贴紧至网格的方法：选择视图 > 贴紧 > 贴紧至网格。

（三）修改组件的属性

添加组件后，可以在属性 & 动作面板中修改相应组件的属性。

工具箱的所有组件中只有四个组件具有动作属性：按钮组件、文本组件、图像组件和热点组件，即只有这四个组件可以设置动作。其他组件都不具有设置动作的功能。

1. 场景播放器

场景播放器是一个用来播放场景或者漫游路线的组件。如果在主窗口中放置一个场景播放器，那么在制作虚拟漫游过程中，可以对场景进行可视化编辑（如设置场景初始视角、给场景添加热点等）、可视化录制漫游路线。其属性如图 5-43 所示：

图 5-43　场景播放器属性 & 动作面板

添加场景播放器后，可以在其属性面板中调节场景播放器的大小和外观（如表 5-8 所示）：

名称	功能	备注
背景颜色	设置场景播放器的背景颜色	通常情况下，场景播放器的背景颜色是显示不出来的。除非当场景为平面图，并且以最佳视角方式显示时，平面图之外的区域即会显示场景播放器的背景颜色
框架图像	设置场景播放器的前景图像	如直接添加按钮到场景播放器上，或制作不规则的场景播放器时使用
进度条样式	加载场景时的载入进度提示	可以选择标准样式 加载 100% 或者是自定义样式。自定义样式可以使用我们制作好的 swf 文件，或者是其他自行制作的文件

表 5-8　场景播放器功能

注意：主窗口中只能添加一个场景播放器。

2. 地图播放器

地图播放器是一个用来播放地图的组件。其属性如图 5-44、表 5-9 所示：

图 5-44　地图播放器属性＆动作面板

名称	功能	备注
背景颜色	设置地图播放器的背景颜色	
边框颜色	设置地图播放器的边框颜色	
不透明度	设置地图播放器的透明度	
滚动条颜色	设置地图播放器滚动条的颜色	选中永不显示滚动条，则不会显示滚动条
尺寸模式	设置地图显示尺寸	可以设置两种地图显示的尺寸：实际大小、最佳匹配
初始隐藏地图播放器	设置地图初始是否显示	地图初始不显示
区分访问过的热点 / 雷达外观	将访问过的热点 / 雷达进行状态标识，只要是访问过的都会有特殊的表现方式	
永不显示滚动条	去除地图播放器侧边的滚动条	

表 5-9　地图播放器功能

注意：主窗口中只能添加一个地图播放器。

3. 百度地图播放器

百度地图播放器是一个用来播放百度电子地图的组件。其属性如图 5-45、表 5-10 所示：

图 5-45　百度地图播放器属性面板

名称	功能	备注
根据浏览器窗口等比缩放	勾选后，组件宽高将以百分比的方式来适应窗口大小	
边框颜色	设置百度地图播放器的边框颜色	
等待图片	设置百度电子地图加载时显示的图片	
当前所在位置	表示在百度电子地图里中心点位置的经度、纬度，支持图片包含 GPS 信息自动定位	
启动缩放比率	设置百度地图的缩放比率	
初始显示	设置百度地图一开始显示的是街道地图还是卫星地图	
区分访问过的热点 / 雷达外观	将访问过的热点 / 雷达进行状态标识	只要是访问过的都会有特殊的表现方式

表 5-10　百度电子地图功能

4. 按钮

（1）按钮的外观

按钮的外观通过其属性面板进行设置（如图 5-46、表 5-11 所示）：

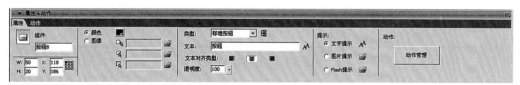

图 5-46　通过面板设置按钮的外观

名称	功能	备注
颜色	修改按钮颜色	漫游大师中提供了默认按钮风格，用户只需设置其颜色，即可自动生成其三态按钮。比如设定颜色为 #A9DE4C，其三态按钮如下： 普通 悬停 点击
图像	如果想使用自己设计的按钮图像，那么选定图像，导入自制的三态按钮图像即可	
类型	漫游大师中将按钮分为四种类型：普通按钮、Tab 按钮、开关按钮和白天黑夜模式	开关按钮：指按钮有两种状态，每按一次就在两种状态之间互相切换。静音 / 声音、播放 / 暂停、显示 / 隐藏等动作均是开关按钮效果。如"播放 / 暂停"按钮，当漫游路线处于播放状态下，按该按钮，漫游路线则被暂停，而按钮状态则变成等待播放；再按一次，漫游路线就会继续播放，按钮状态变为等待暂停。因此，当选择开关按钮类型后，应该为其添加具有开关效果的动作

续表

类型		Tab 按钮：指具有标签效果的一组按钮。在这组按钮中，只有当前被点击的那个是被高亮显示的，其他的都处于普通状态。比如，在对应多幅地图的情况下，可以通过 Tab 按钮来链接不同的地图。当点击其中某幅地图时，该地图对应的按钮被高亮显示，用户就可以很清楚地知道地图播放器中播放的是哪幅地图了。当选择 Tab 按钮类型后，会出现选组按钮 默认 ，需要为其设置相应的按钮组（如图 5-47 所示）
文本	如果想生成文字按钮，可在文本框中输入文字。同时可以对文字设置字体、大小、对齐方式等	
不透明度	设置按钮的透明度	
提示	鼠标移动到按钮上出现该按钮的提示信息，分为三种显示方式，分别是文字、图片、Flash	要想设置文字提示，直接在提示框内输入提示内容即可。同时可以设定提示文本的字体、大小等
白天黑夜模式	同一个点拍摄 2 张不同时间或者不同季节的场景，然后进行场景对比	

表 5-11 面板功能及属性

提示： 鼠标移动到按钮上出现该按钮的提示信息，分为三种显示方式，分别是文字、图片、Flash。要想设置文字提示，直接在提示框内输入提示内容即可。同时可以设定提示文本的字体、大小等。

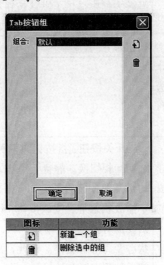

图标	功能
📄	新建一个组
🗑	删除选中的组

图 5-47 Tab 按钮组设置

位于同一个组中的按钮构成标签效果，即该组中只能同时选中一个按钮并高亮显示该按钮。

🔊 **提示：** 当添加 xx_1.jpg 为普通状态的图片时，软件会在同一目录下搜索 xx_2.jpg 与 xx_3.jpg，自动将其添加为悬停和点击状态的图片。因此在制作按钮的三态图时，可以使用相同的前缀，分别命名为 xx_1.jpg、xx_2.jpg、xx_3.jpg，这样只需手动添加第一张，后两张即可自动添加，可节省时间。如果仅仅表示按钮区域，请不要导入任何图片。

（2）按钮的动作

①按钮的动作通过其动作面板进行设置（如图 5-48 所示）：

图 5-48　按钮的动作面板

将按钮组件添加到主窗口后，还必须为其添加一个动作，否则预览虚拟漫游时，点击该按钮不会有任何反应。

如何为按钮添加动作（如图 5-49 所示）：

a. 在主窗口中选中已添加的按钮组件；

b. 点击其属性 & 动作面板 > 动作面板，打开动作面板；

c. 在其动作列表 中选中场景 > 左；

图 5-49　管理动作对话框

d. 单击 clip0094 按钮；

e. 在随后弹出的对话框中设置相关信息，如旋转速度；

f. 点击确定，即给该按钮添加了控制场景自动向左旋转的动作。

②按钮的动作通过动作管理面板进行设置（如图 5-50 所示）：

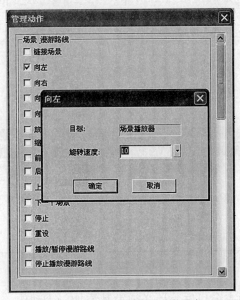

图 5-50　在对话框中设置旋转速度

将按钮组件添加到主窗口后，还必须为其添加一个动作，否则预览虚拟漫游时，点击该按钮不会有任何反应。

如何为按钮添加动作：

a. 在主窗口中选中已添加的按钮组件；

b. 点击其动作管理面板，打开动作面板；

c. 在其动作列表中选中场景 > 左；

d. 在随后弹出的对话框中设置相关信息，如旋转速度；

e. 点击确定，即给该按钮添加了控制场景自动向左旋转的动作。

💡注意：漫游大师中，默认按钮是没有动作的，因此必须添加动作。

5. 漫游路线控制器

工具箱中的漫游路线控制器是用来显示和控制当前漫游路线播放的进度。其属性如图 5-51 所示：

图 5-51　漫游路线控制器的属性面板

属性面板功能介绍（如表5-12所示）：

名称	功能	备注
框架颜色	设置漫游路线控制器的框架颜色	
定位块颜色	置漫游路线控制器的定位块颜色	可以用鼠标拖动定位块来改变漫游路线播放的进度
样式	可以选择控制条的样式	有两种风格：标准控制条和迷你控制条（如图5-52所示）
显示时间	设置显示/不显示时间	不显示时间的效果（如图5-53所示）
值	可以为指定的漫游路线显示时间	

表5-12 属性面板功能

标准控制条　　　　　　　　　　　　　迷你控制条

图5-52 控制条的两种样式

图5-53 不显示时间的效果

💡**注意**：主窗口中只能添加一个漫游路线控制器。

6. 速度控制器

速度控制器组件是添加到主窗口中用来控制场景的播放速度。也就是说客户可以在观看虚拟漫游效果的过程中随意改变场景的转动速度。

通过速度控制器的属性面板可以为其设置属性（如图5-54所示）：

图5-54 速度控制器属性面板

功能介绍（如表 5-13 所示）：

名称	功能	备注
Flash 文件	导入控制场景播放速度 swf 文件	

表 5-13   速度控制器功能

💡**注意**：此处导入的控制场景播放速度 swf 文件是有一定的编写规则的，普通的
swf 文件不具备控制场景播放速度的功能。

7. 声音控制器

声音控制器组件是添加到主窗口中用来控制场景声音的播放以及音量大小的组
件。也就是说，用户在观看虚拟漫游效果的过程中可以随意控制声音的开关以及音量
的大小。

通过声音控制器的属性面板可以为其设置属性（如图 5-55 所示）：

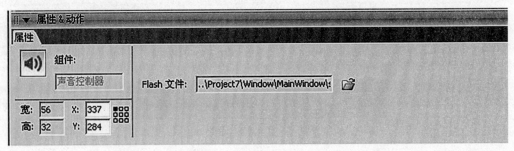

图 5-55   声音控制器属性面板

功能介绍（如表 5-14 所示）：

名称	功能	备注
Flash 文件	导入控制声音播放与关闭 swf 文件	

表 5-14   声音控制器功能

💡**注意**：此处导入的控制声音播放与关闭 swf 文件是有一定的编写规则的，普通
的 swf 文件不具备控制虚拟漫游声音的播放与关闭功能。

8. 指南针

指南针组件是添加到主窗口中用来提示场景的南北两极。

通过指南针组件的属性面板可以为其设置属性（如图 5-56 所示）：

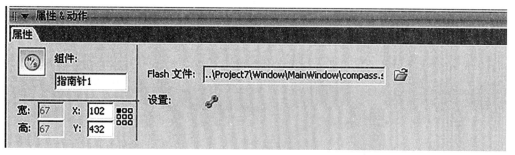

图 5-56 指南针的属性面板

功能介绍（如表 5-15 所示）：

名称	功能	备注
Flash 文件	导入指南针 swf 文件	
设置	设置要标明出南北两极的场景	如图 5-57 所示

表 5-15 指南针属性面板功能

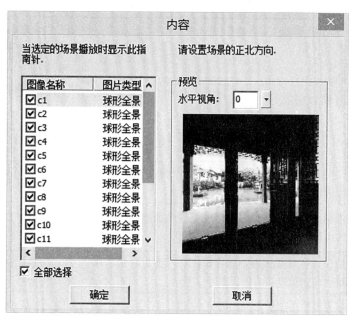

图 5-57 设置场景方向

💡**注意**：此处导入的控制声音播放与关闭 swf 文件是有一定的编写规则的，普通的 swf 文件不具备控制虚拟漫游声音的播放与关闭功能。

9. 缩略图

缩略图是用来在主窗口中显示场景（或地图、漫游路线）的缩略图信息的组件。在虚拟漫游中，点击不同的缩略图，即可播放不同的场景、地图或漫游路线。其属性如图 5-58 所示：

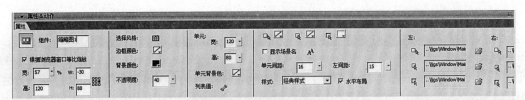

图 5-58　缩略图的属性面板

功能介绍（如表 5-16、17、18 所示）：

名称	功能	备注
根据浏览器窗口等比缩放	勾选后，组件宽高将以百分比的方式来适应窗口大小	
选择风格	漫游大师中自带了几组缩略图样式风格可供选择	
边框颜色	设置缩略图的边框颜色	若不需要边框颜色，可将其设为透明
背景颜色	设置缩略图的背景颜色	可设置为透明
不透明度	设置缩略图控件的透明度	
单元	缩略图组件中每一个单独的小图称为一个单元（如图 5-59 所示）	您可以设定每个单元的宽度、高度及背景颜色，而且可以设置单间之间的间距以及距离左边的间距。类似于热点，您可以给单元设定普通、悬停和点击三种状态下的边框颜色
显示场景名	选中后会在每一个单元下方显示场景名，并且可以设置场景名的文字颜色	
左	当单元数量很多时，缩略图组件可能出现滚动条，可以设置滚动条左边以图片来显示	
右	当单元数量很多时，缩略图组件可能出现滚动条，可以设置滚动条右边以图片来显示	
列表值	设置缩略图组件要显示的单元内容	如图 5-60、表 5-17 所示
来源	确定缩略图组件内显示哪一类型内容，即在场景、地图或漫游路线中选择	
类型	设置缩略图的显示类型	可以设置为经典样式或标准样式
控制	设置缩略图的显示样式，根据需要可以设置为经典样式或标准样式	
水平	设置缩略图中图片的排列方式	选中表示水平排列，反之则表示垂直排列

表 5-16　缩略图属性面板功能

来源	说明
场景	场景的缩略图单元可以随着地图的变换而相应变换。当选中根据地图显示条目时,单元会随着地图相应变换。例如:场景 1、2、3 位于地图 A 上,而场景 4、5、6 位于地图 B 上。选中该选项后,播放地图 A 时,在缩略图组件中将看到单元显示场景 1、2、3,而播放地图 B 时,单元显示的将是场景 4、5、6
地图	列出地图的缩略图
漫游路线	列出漫游路线的缩略图

表 5-17　不同来源的缩略图说明

来源	类型	说明
场景	全视图	使用图片的展开图,如球型全景的缩略图单元显示为 2:1 的全景图片,柱型全景的缩略图单元显示其矩形的展开图,平面图的缩略图单元则直接显示其缩略图
	透视图	显示场景在场景播放器中的屏幕截图,此时可以通过调节每一幅场景的水平视角、垂直视角、播放视野,在缩略图单元中显示该场景的任意角度
	自定义	使用自定义的图片,需要从其他路径导入
地图	全视图	使用地图图片的缩略图
	自定义	使用自定义的图片,需要从其他路径导入
漫游路线	自定义	使用自定义的图片,需要从其他路径导入

表 5-18　不同来源中不同类型的缩略图说明

图 5-59　缩略图的一个单元

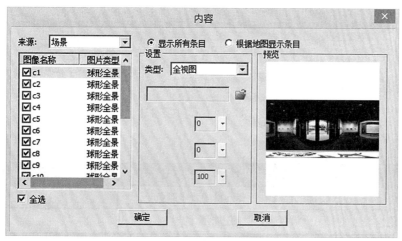

图 5-60　列表值设置对话框

提示：漫游大师提供了更为灵活的选项，使缩略图组件不仅可以列出全部或部分场景，还可以列出地图和漫游路线；而且不仅可以选择自动生成缩略图，还可以使用自定义的图片作为缩略图。

10.Flash 缩略图

Flash 缩略图组件是用来在主窗口中显示场景的缩略图信息的组件，其显示形式为 Flash。在虚拟漫游中，点击不同的缩略图，即可播放不同的场景。其属性如图 5-61 所示：

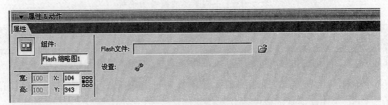

图 5-61　Flash 缩略图的属性面板

功能介绍（如表 5-19 所示）：

名称	功能	备注
Flash 文件	导入 swf 文件	
设置	设置相关联的场景	

表 5-19　Flash 缩略图属性面板功能

注意：此处导入的 swf 文件是有一定的编写规则的，普通的 swf 文件不具备跟漫游大师场景相匹配的缩略图效果。

11. 组合框

组合框是用来在主窗口中以单项方式显示场景名称（或地图名称、漫游路线名称）的组件。在虚拟漫游中，通过组合框可以从其下拉列表中选择一个场景（或地图、漫游路线）。其属性如图 5-62 所示：

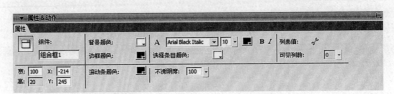

图 5-62　组合框的属性面板

功能介绍（如表 5-20 所示）：

名称	功能	备注
背景颜色	设置组合框中所有条目的背景颜色	
边框颜色	设置组合框的边框颜色	
风格	设置组合框的风格样式	

续表

滚动条颜色	设置组合框下拉条的滚动条颜色	
不透明度	设置组合框的透明度	
选择条目颜色	设置当前被显示条目的颜色	
可见列数	设置组合框中显示的条目数	此项功能仅当需要显示的条目数大于4时才可用
列表值	与缩略图组件类似，组合框也有一个"列表值"	通过这个"列表值"，可以设置组合框中下拉列表的条目内容（如图 5-63 所示）

表 5-20 组合框属性面板功能

图 5-63 组合框中下拉列表的条目内容

条目内容功能介绍（如表 5-21、22 所示）：

名称	功能	备注
来源	确定组合框组件内显示哪一类型条目	三种类型：场景、地图或漫游路线（如表 5-22 所示）

表 5-21 条目内容功能

来源	说明
场景	场景可以随着地图的变换而相应变换。当选中根据地图显示条目时，组合框中列出的场景名称会随着地图的变换而变换。例如：场景 1、2、3 位于地图 A 上，而场景 4、5、6 位于地图 B 上。选中该选项后，播放地图 A 时，在组合框中将看到场景 1、2、3 的列表，而播放地图 B 时，在组合框中将看到场景 4、5、6 的列表
地图	在列表中显示所有地图名称
漫游路线	在列表中显示所有漫游路线名称

表 5-22 条目来源说明

提示：漫游大师旧版本中，组合框组件只能列出全部的场景名称，而漫游大师新版本提供了更为灵活的选项，使用组合框组件不仅可以列出全部或者部分场景名称，还可以列出地图名称和漫游路线名称。

12. 列表框

列表框是一个以列表方式来显示场景名称（或地图名称、漫游路线名称）的组件。通过在列表框中选择相应的场景名称、地图名称或漫游路线名称，可以切换到相应的场景上进行观看。其属性如图 5-64 所示：

图 5-64　列表框的属性面板

13. 文本

文本是一个用来在主窗口中显示固定文字信息的组件。文本组件内的文字内容一经确定，那么在虚拟漫游中会一直呈现该文字。此外，如果您导出皮肤，那么该文字内容也将随之被导出。同时，您可以给文本添加动作，比如点击该文本后链接到您的 Web 站点等。

通过文本的属性面板可以为其设置属性（如图 5-65、表 5-23 所示）：

图 5-65　文本的属性面板

名称	功能	备注
链接颜色	设置浏览过的链接颜色	
活动链接颜色	即当文本组件添加动作后，文本文字的三态颜色（普通、鼠标滑过、鼠标按下）	
下画线方式	设置文字的下画线显示方式	可以选择的类型有：始终有下画线、鼠标划过时显示下画线、永不显示下画线。默认为始终显示下画线

表 5-23　文本属性面板功能

通过文本的动作面板可以为其设置动作（如图 5-66 所示）：

图 5-66　文本的动作面板

例如：为文本设置一个链接 URL 的动作，步骤如下：

添加一个文本组件到主窗口中 > 在其属性 & 动作面板上选中动作面板 > 在动作面板中选定杂项 > 链接 URL > 单击 ![按钮] 按钮 > 在弹出的对话框中设定 URL：http://www.baidu.com（如图 5-67 所示）：

图 5-67　在对话框中输入网址

点击【确定】，即给文本添加了一个链接到 Baidu 网站的动作。

14. 文本框

文本框是一个用来动态显示场景（或地图、漫游路线）的描述性文字的组件，比如在场景播放器中显示场景 1，那么在文本框内会显示场景 1 的描述性文字，如果此时从场景 1 变换到场景 2，那么文本框会自动变换到场景 2 的描述性文字。其属性如图 5-68、表 5-24、表 5-25 所示：

图 5-68　文本框的属性面板

名称	功能	备注
背景颜色	设置文本框中所有条目的背景颜色	
边框颜色	设置文本框的边框颜色	
滚动条风格	设置文本框的风格样式	
列表值	设置文本框中所要显示的动态文字	如图 5-69

表 5-24　文本框属性面板功能

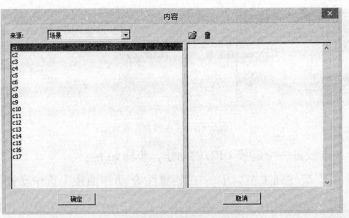

图 5-69　文本框的列表值

来源	说明
空	文本框中仅显示输入的文字内容
场景	根据不同场景，切换文字内容
地图	根据不同地图，切换文字内容
漫游路线	根据不同漫游路线，切换文字内容

表 5-25　文本框内容来源说明

　　由于文本框中显示的内容是随着场景、地图、漫游路线的改变而改变的，所以文本框的内容要根据不同来源进行设置，具体方法如下：

　　（1）在主窗口中选定文本框组件；

　　（2）在其属性面板中，点击来源；

　　（3）在来源中选择相应的类型，比如场景；

　　（4）在左边的列表中选中一个场景；

　　（5）在右边的编辑框内可以直接输入该场景的描述性文字，或者点击右上角的打开按钮"📂"，直接导入文本文件或者图片；

　　（6）重复4-5的步骤，给多个场景添加各自的描述性文字；

　　（7）点击【确定】即可。

　　🔸提示：文本框中不仅可以添加文字，也可以直接导入文本文件或图片。如果用户导入了图片，那么就不能再输入文本；反之如果输入或者导入文本，那么再次导入图片就会替换文本。

　　💡注意：文本与文本框组件的区别：文本组件可以添加动作；文本框组件不能添加动作。文本内的文字一旦设置，即会固定在主窗口中，是静态的，并会作为皮肤内的元素，在皮肤导出时一起导出；而文本框内显示的文字是动态的，是随着场景、地图、漫游路线的改变而相应改变的，不会随皮肤的导出而导出。

15. 图像

图像组件是用来在主窗口中显示图像信息，并且可以含有自定义动作的组件。比如，通过图像组件在虚拟漫游中放置公司的 Logo，同时，给这个组件添加一个链接到 Web 站点的动作；或者放置一个场景的缩略图在主窗口，并指定动作链接到该场景。

通过图像的属性面板可以为其设置属性（如图 5-70 所示）：

图 5-70　图像的属性面板

功能介绍（如表 5-26 所示）：

名称	功能	备注
图像文件	导入图像文件	目前支持的格式包括 .jpg、.bmp、.gif
尺寸模式	设置图像的尺寸	包括：自动大小、实际大小或最佳匹配

表 5-26　图像属性面板功能

通过图像的动作面板可以为其设置动作（如图 5-71 所示）：

图 5-71　图像的动作面板

也可以通过图像的动作管理面板为其设置动作（如图 5-72 所示）：

图 5-72　为图像设置动作

例如，我们为图像添加一个链接场景的动作，步骤如下：

（1）在主窗口选定"图像"组件；

（2）在其属性 & 动作面板中选定动作面板；

（3）在其动作面板中选定场景 > 链接场景；

（4）单击  按钮；

（5）在弹出的对话框中设定相关信息（如图 5-73 所示）：

图 5-73　设定链接场景的相关参数

（6）点击【确定】，则给图像添加了链接到某一个场景的动作。

16. 视频

视频组件是显示视频类的多媒体信息，并且可以添加到主窗口及场景中。视频在制作工具中显示第一帧。通过视频的属性面板可以为其设置属性（如图 5-74 所示）：

图 5-74　视频的属性面板

功能介绍（如表 5-27 所示）：

名称	功能	备注
背景颜色	为视频添加背景颜色	
视频文件	导入视频文件	目前只支持 flv 格式文件
自动播放	设置视频是否自动播放	
初始 / 结束帧图像	如果视频较大，可以添加初始帧图像，先显示预载图，增强用户体验	
样式	分为"空"和"标准"两种	标准下可以进行框架颜色及定位块颜色的设置

表 5-27　视频属性面板功能

注意：透视变换效果只能在场景里添加！

17.Flash

Flash 组件是用来显示 swf 格式的多媒体信息，并且可以在主窗口及场景中显示。通过视频的属性面板可以为其设置属性（如图 5-75 所示）：

图 5-75 Flash 组件的属性面板

功能介绍（如表 5-28 所示）：

名称	功能
背景颜色	为 Flash 添加背景颜色
Flash 文件	导入 swf 文件

表 5-28 Flash 组件属性面板功能

注意：Flash 组件具备动作面板，也就是说，Flash 可以应用于交互设计中，比如，在场景播放中，就可以添加一个动态的热点：先用 Flash 制作出一个动态的 Flash 按钮，然后在为其添加一个动作即可实现。

18.眩光

眩光组件用来在场景中显示眩光效果。通过眩光的属性面板可以为其设置属性（如图 5-76 所示）：

图 5-76 眩光组件的属性面板

功能介绍（如表 5-29 所示）：

名称	功能
Flash 文件	导入 swf 文件

表 5-29 眩光组件属性面板功能

注意：此处导入的 swf 文件是有一定的编写规则的，普通的 swf 文件不具备眩光效果！眩光效果只能在场景里添加，而且一张场景只能添加一个眩光效果！

19. 飞出媒体

飞出媒体组件是用来在场景中显示一组图片浏览，通过飞出媒体属性面板可以为其设置属性（如下图 5-77、表 5-30 所示）：

图 5-77　飞出媒体属性面板

名称	功能
图片	在其属性面板中，点击 📂 添加图片
图片组	在其属性面板中，点击 🔧 添加多张图片，如下图

表 5-30　飞出媒体属性面板功能

图 5-78　图片组设置面板

💡注意：

飞出媒体效果只能在场景里添加！

20. 3D 建模

3D 建模是一个用来导入 3ds 文件的组件。通过 3D 建模属性面板可以为其设置属性，（如图 5-79、表 5-31 所示）：

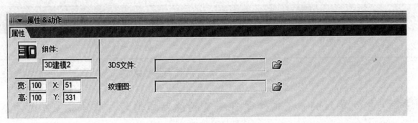

图 5-79　3D 建模属性面板

名称	功能
3DS 文件	导入 3ds 文件
纹理图	导入 3D image 文件

表 5-31　3D 建模属性面板功能

（四）组合的生成

在皮肤中添加了多个组件后，为了便于操作及管理，我们可以把它们组合起来。例如，在主窗口中创建一系列按钮，可以把它们组合成一个整体进行选择或移动。通常情况下，我们会将多个按钮（如向上、向下、向左、向右、放大及缩小）组合起来进行管理。

（1）创建组合

从主窗口中一次性选中要组合的多个组件。可以选择按钮、热点、雷达等；选择布局 > 组合；或点击布局工具条中的 ▣ 按钮；或按下 Ctrl+G，即可创建组合。

（2）取消组合

从主窗口中选择要拆分的组合；选择布局 > 取消组合，或点击布局工具条中的 **A** 按钮；或按下 Ctrl+Shift+G，即可取消组合。

（3）保存组合

对于创建好的组合，我们可以把它保存到库面板的组件库中，方便下次直接从组件库中拖到主窗口使用。具体保存方法如下：

选中待保存的组合，点击鼠标右键 > 在出现的右键菜单中选择保存到库；

在弹出的对话框中输入名称、选择目录，即可将组合保存到组件库中（如图 5-80 所示）：

图 5-80　将组合保存到库

二、组件的锚定

当在主窗口的属性面板上启用了百分比表示主窗口的宽度 / 高度后，您可以设置组件的锚定点，从而使组件的位置随主窗口的宽度或者高度变化而相应改变。下面以按钮组件为例，说明组件的锚定含义（如图 5-81 所示）：

图 5-81　锚定按钮

　　所谓锚定，就是将组件锚定到主窗口之后，可确保当调整主窗口的大小时锚定的边缘与主窗口的边缘的相对位置保持不变。锚定图示和含义（如图 5-82 所示）：

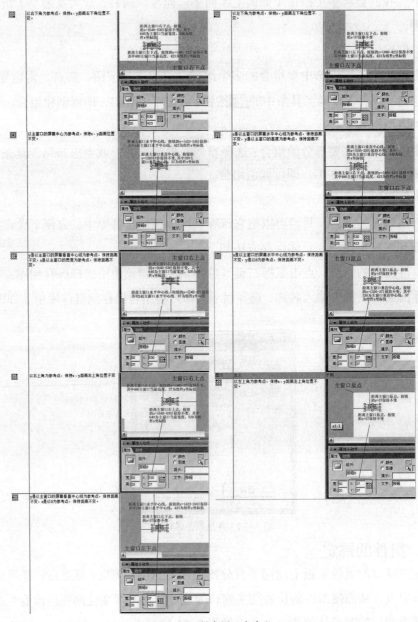

图 5-82　锚定图示和含义

注意：当在主窗口的属性面板上启用了百分比表示主窗口的宽度／高度后，组件属性面板上的 X、y 坐标值是以主窗口左上角为基准的值，并不是最终的位置坐标值。

三、场景的设置

（一）添加场景

（1）在列表面板的场景列表中，单击 🔗；

（2）在出现的下拉菜单中选择需添加的场景类型，比如添加球型全景；

（3）在"打开"对话框中选择需添加的场景文件；

（4）点击【打开】按钮，场景添加成功。

（二）删除场景

（1）在列表面板的场景列表中，选中待删除的场景；

（2）单击 🗑 按钮，或按下键盘上 Delete 键，则删除选中的场景。

（三）更换场景

（1）列表面板 > 场景列表中，选中待更换的场景；

（2）点击 🔀 按钮，或选择右键菜单更换；

（3）出现"打开"对话框，从中选择需要更换的场景文件；

（4）点击【打开】按钮，则更换相应的场景图片。

注意：使用 🔀 更换场景后，场景名称仍然为替换前的，即保留不变。另替换场景有下列情况：

（1）替换场景后不丢失原来场景上编辑好的热点信息，也就是原来场景上的热点组件的所有属性及其动作都保留。

（2）以场景播放器组件的左上角为基准显示具体的场景。

（3）如果更换后的场景的尺寸小于更换前的场景，那么此时可能发生部分热点组件全部或者部分落在场景外面。这些全部或者部分落在场景外面的组件在场景编辑的状态下是可见和可编辑的（也就是说保留），但是发布的时候将全部落在场景外部的组件（热点）丢弃，不出现在最终发布的结果上；将部分落在场景外面的组件仍然发布，但是裁剪其大小或者作用范围。

（四）更改场景顺序

在列表面板的场景列表中，选中待更改顺序的场景；

单击 ⬆，则选中的场景向上移动一步；单击 ⬇，则选中的场景向下移动一步。

提示：选中场景后，按住鼠标左键，通过拖动鼠标黑线位置也可以更改场景顺序。

注意：调整场景顺序后会影响漫游路线。

（五）设置场景属性

设置场景属性具体方法如下：

（1）在列表面板的场景列表中，单击待设置属性的场景，如球型全景；

（2）然后在其属性面板中设置场景的属性。

漫游大师新版本与以前的老版本相比，支持导入更多的场景类型（如图 5-83 所示）：

图 5-83　漫游大师支持的场景类型

其中，球型全景的属性（如图 5-84 所示）：

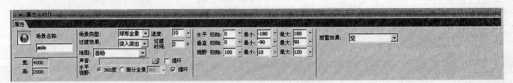

图 5-84　球型全景的属性

功能介绍（如表 5-32 所示）：

名称	功能	备注
场景类型	场景播放器将根据场景类型采用不同的方式播放	可以选择的类型有：球型全景、柱型全景、平面图、Kaidan One Shot、0-360 One Shot、Remote Reality One Shot、单鱼眼或立方体
速度	设置场景的自动旋转速度	范围值为 –100~100，其中负值表示场景逆时针旋转初始值为 0
过渡效果	设置切换到该场景时的过渡效果	可选择的类型有：空、淡入淡出或百叶窗。空，表示无过渡效果，默认为淡入淡出
过渡时间	设置切换到该场景时的过渡时间	范围值为 1~20 秒。初始值为 2 秒
声音	设置场景的声音	如果设置了场景声音，当场景播放器播放该场景时，会播放该场景的声音。还可设置是否循环播放
地图	设置场景所对应的地图	即当场景播放器播放该场景时，会同时在地图播放器上播放此处设置的地图。可选择的类型有：自动、工程中的所有地图。自动，表示根据雷达所在的地图来设置场景所对应的地图。如果不选择自动，而指定工程中某一个地图名，必须保证该地图和相应场景是关联的；如果雷达不在此地图上，场景的属性将无法指向此场景。

续表

水平视野	设置场景的局部视角	如果不是局部显示，则默认为360度，否则用户输入水平视野值即可
初始、最小、最大	可以通过设置水平视角、垂直视角及播放视野的初始值、最大值及最小值来控制场景的初始视角和视角范围	
雨雪效果	在场景中添加下雨或者下雪的绚丽效果	

表 5-32　球型全景属性功能

💡**注意**：当用户先设置了一条漫游路线后，又修改了水平视角、垂直视角及播放视野的值，并不影响漫游路线的播放。另外，对于所有的 One-Shot 类型，在其属性面板中设置水平以上播放视野的值都是无效的，播放器都是按柱模型处理，并且上下对称（如图 5-85 所示）：

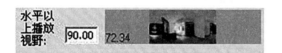

图 5-85　水平以上播放视野

四、添加场景热点

通常情况下，给场景添加热点主要为了实现场景之间的链接或弹出场景局部的细部图。下面就从这两种情况详细讲解添加场景热点的具体方法。

（一）添加链接到其他场景的热点

（1）在列表面板的场景列表中双击需要添加热点的场景，同时场景播放器中会显示相应的场景；

（2）选择工具箱中的"热点"组件◉；

（3）拖动热点到场景中，在相应位置单击鼠标，热点组件就添加到场景中；

（4）在属性 & 动作面板 > 属性面板中设置热点外观（如图 5-86 所示）：

图 5-86　在属性面板中设置热点外观

功能介绍（如表 5-33 所示）：

名称	功能	备注
选择风格	漫游大师中自带了几种热点样式风格可供选择	
自定义	如果想使用自己设计的热点图像，那么选定自定义，导入自制的三态热点图像即可	
关联场景	显示该热点所链接的场景	只有当热点设置了链接到其他场景的动作后，此处才会显示所链接的场景。如果该热点没有链接任何场景，此处会显示"空"
文字	在热点区域显示文字	添加文字后，会与热点同时显示出来
文字布局	设置所添加的文字相对于热点的位置	有四种选择：向左、向右、顶、底。如选择底，则会以热点在上、文字在下的方式显示
类型	设置热点类型	此处设置热点类型与动作面板 > 杂项 > 显示 / 隐藏 是相关联的
不透明度	设置热点的不透明度	
初始隐藏热点	初始不显示此热点	
尺寸随视角变化自动调整	热点的尺寸可以放大及缩小	

表 5-33　设置外观热点功能说明

🐚 提示：鼠标移动到热点上出现该热点的提示信息，可以文字、图像或者 Flash 的方式显示。

（5）在属性 & 动作面板 > 动作面板 > 场景 > 链接场景，双击链接场景或点击 ➕，会出现如图 5-87 所示界面，从中选择要链接的场景及过渡效果即可：

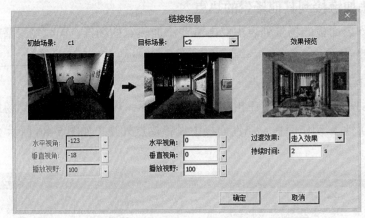

图 5-87　设置要链接的场景的相关参数

（6）或者点击 动作管理 按钮会出现如下界面（如图 5-88 所示），从中勾选要执行的动作就会弹出相应动作页面，此举是为了方便用户添加多动作的时候，动作面板里显示的动作条目有限。

图 5-88　链接场景的设置

🔊 **提示**：漫游大师中，新增了多种场景的过渡效果（多圆、旋转、向内滑动），可以更加吸引观看者。

（二）添加链接到场景细部图的热点

（1）在列表面板的场景列表中双击需要添加热点的场景，同时场景播放器中会显示相应的场景；

（2）选择工具箱中的热点组件◎；

（3）拖动热点到场景中，在相应位置单击鼠标，热点组件就被添加到场景中了；

（4）在属性 & 动作面板 > 动作面板 > 杂项 > 弹出图像，双击弹出图像或点击 ➕ 按钮，会出现下图（如图 5-89 所示）界面，从中导入场景局部的细部图即可：

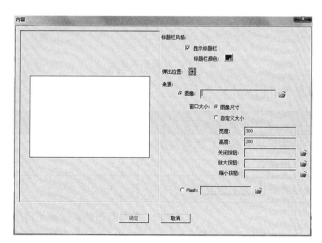

图 5-89　导入场景局部细节图

🔊 **提示**：弹出图像是让用户可以突出展示场景局部的细节。弹出图像除支持 .jpg、.bmp、.gif 格式外，还支持 .swf 格式，即可以创建具有更多交互效果的弹出图像，比如多标签的弹出图像等。另外，在 Flash 播放器中，弹出图像的窗口在打开 / 关闭时具有逐步放大 / 逐步缩小的效果。

（三）添加多边形热点

通常情况下，我们给场景添加多边形热点主要为了实现场景之间的链接或弹出场景局部的细部图。下面就从这两种情况详细讲解添加场景多边形热点的具体方法。

1. 添加链接到其他场景的多边形热点

（1）在列表面板的场景列表中双击需要添加热点的场景，同时场景播放器中会显示相应的场景；

（2）选择工具箱中的多边形热点组件 ；

（3）拖动热点到场景中，在相应位置单击鼠标，画出一个多边形，然后双击完成（如图 5-90 所示）：

图 5-90　画出多边形热点

（4）在属性 & 动作面板 > 属性面板，设置热点外观（如图 5-91 所示）：

图 5-91　设置热点外观

功能介绍（如表 5-34 所示）：

名称	功能	备注
颜色	用户只需设置其颜色，即可自动生成其三态热点	
边框颜色	设置多边形热点的边框颜色	
关联场景	显示该热点所链接的场景	只有当热点设置了链接到其他场景的动作后，此处才会显示所链接的场景。如果该热点没有链接任何场景，此处会显示"空"
文字	在热点区域显示文字	添加文字后，会与热点同时显示出来
文字布局	设置所添加的文字相对于热点的位置，可以通过设置 X、Y 值来改变	

表 5-34　热点外观功能说明

提示: 鼠标移动到热点上出现该热点的提示信息，可以文字、图像或者 Flash 的方式显示。

（5）在属性＆动作面板＞动作面板＞场景＞链接场景，双击链接场景或点击 ✚ 按钮，会出现下图界面（如图 5-92 所示），从中选择要链接的场景及过渡效果即可。

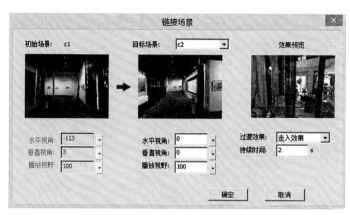

图 5-92　选择要链接的场景及过渡效果

（6）或者点击 动作管理 按钮会出现如下界面（如图 5-93 所示），从中勾选要执行的动作就会弹出相应动作页面，此举是为了方便用户添加多动作的时候，动作面板里显示的动作条目有限。

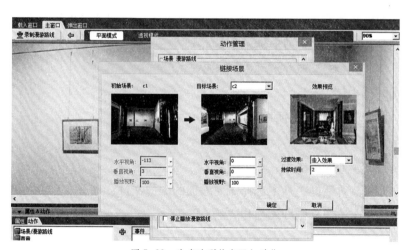

图 5-93　为多边形热点添加动作

2. 添加链接到场景细部图的多边形热点

（1）在列表面板的场景列表中双击需要添加热点的场景，同时场景播放器中会显示相应的场景；

（2）选择工具箱中的多边形热点组件 ▱ ；

（3）拖动多边形热点到场景中，在相应位置单击鼠标，多边形热点组件就添加到场景中；

（4）在属性 & 动作面板 > 属性面板，设置多边形热点外观；

（5）在属性 & 动作面板 > 动作面板 > 杂项 > 弹出图像，双击弹出图像或点击 ✚ 按钮，会出现如图 5-94 所示界面，从中导入场景局部的细部图即可：

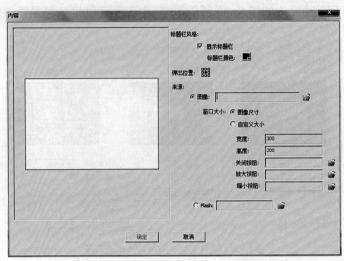

图 5-94　导入场景局部细节图到多边形热点

🔸 提示：弹出图像是让用户可以突出展示场景局部的细节。弹出图像除支持 .jpg、.bmp、.gif 格式外，还支持 .swf 格式，即您可以创建具有更多交互效果的弹出图像，比如多标签的弹出图像等。另外，在 Flash 播放器中，弹出图像的窗口在打开 / 关闭时具有逐步放大 / 逐步缩小的效果。

五、地图的设置

（一）添加、删除和更换地图

1. 添加地图

在列表面板 > 地图列表中，点击 🔲；

出现"打开"对话框，从中选择需要添加的图像文件；

点击【打开】按钮，则即添加相应的地图图片。

2. 删除地图

在列表面板 > 地图列表中，选中待删除的地图；

点击 🗑 或键盘上的 Delete 键，即删除选中的地图。

3. 更换地图

在列表面板 > 地图列表中，选中待更换的地图；

点击 🔳 按钮，或选择右键菜单更换；

出现"打开"对话框，从中选择需要更换的图像文件；

点击【打开】按钮，则更换相应的地图图片。

注意：漫游大师支持导入的地图格式有 .jpg、.bmp、.gif、.png。更换地图后，如果更换前后地图大小不一致，地图上的热点或雷达的位置可能会发生偏移，此时需要进行微调。

（二）设置地图属性

设置地图属性具体方法如下：

（1）在列表面板＞地图列表中，选中待设置的地图；

（2）在属性 & 动作面板＞属性面板中，设置其地图属性（如图 5-95 所示）：

图 5-95 "地图"的属性面板

功能介绍（如表 5-35 所示）：

名称	功能	备注
图像文件	导入图像文件	目前支持的格式包括 .jpg、.bmp、.gif
尺寸模式	设置图像的尺寸	包括：自动大小、实际大小或最佳匹配

表 5-35 "地图"属性面板功能

提示：通常情况下，地图属性无须设置。只有当工程中导入多幅地图时，我们可以设置地图之间的过渡效果及过渡时间。

（三）添加地图热点

在地图上添加热点，主要用来链接相应的场景。比如：设置该热点链接到某一个场景，当点击地图上该热点时，场景播放器即开始播放相应的场景。

（四）添加谷歌地图热点

在谷歌地图上添加热点，主要用来链接相应的场景。比如：设置该热点链接到某一个场景，当点击地图上该热点时，场景播放器即开始播放相应的场景。

双击谷歌地图播放器，即会出现谷歌电子地图面板，可以对其进行添加雷达。

（五）添加地图雷达

在地图上添加雷达，主要用来识别场景在地图中的方位。

（六）添加雷达

（1）在列表面板＞地图列表中，选中待添加雷达的地图；

（2）双击主窗口＞地图播放器，进入地图编辑状态；

（3）点击工具箱中的雷达组件 ◎，然后移动鼠标到地图中的相应位置，再次点击，雷达就添加到地图中了。

（七）设置雷达属性

在雷达属性面板中可以设置雷达的外观，包括雷达颜色或三态图等，具体操作方法如下：

在雷达属性面板中，进行雷达与场景的同步设置（如图 5-96 所示）：

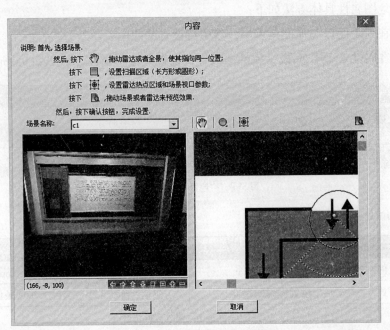

图 5-96　雷达的场景同步设置窗口

各按钮的功能介绍（如表 5-36 所示）：

按钮图标	功能	备注
🖐	点击该按钮，即可对左边的场景或右边地图中的雷达区域进行拖动，使场景与地图中的方位一致	
⬜	点击该按钮，在雷达周围会出现一个矩形区域，对其进行拖动、拉大或者拉小，可以改变此雷达的扫描区域大小	再次单击该按钮，会出现一个下拉菜单，可以切换到按钮，即可以设置雷达扫描区域为圆形
◉	点击该按钮，可以设置雷达热点本身大小及场景的初始视口 拖动雷达热点区域时，其拖动范围不能越过雷达扫描区域范围；而拖动雷达扫描区域时，其拖动范围不可脱离雷达热点区域	
◉	点击该按钮，可以在该窗口中预览设置的效果	

表 5-36　雷达场景各功能说明

（八）添加谷歌地图雷达

在谷歌地图上添加雷达，主要用来识别场景在地图中的方位，操作方法如下：

双击谷歌地图播放器，即会出现谷歌电子地图面板，可以对其进行添加雷达。

六、弹出窗口的设计

我们可以为弹出窗口中添加任何其他组件，并控制此弹出窗口的显示状态。

具体操作步骤：添加弹出窗口 > 调整弹出窗口 > 添加组件 > 交互设计。

（一）添加弹出窗口

添加弹出窗口的具体方法如下：

（1）在列表面板 > 弹出窗口列表中，点击添加按钮；

（2）在新建弹出面板中，设置其窗口属性（如图 5-97 所示）：

图 5-97　"新建弹出窗口"对话框

功能介绍（如表 5-37 所示）：

名称	功能	备注
名称	当前活动窗口的名称	
背景颜色	活动窗口的背景颜色	可以设置为无色
尺寸	弹出窗口的宽度及高度	
位置	弹出窗口的实际位置	

表 5-37　"新建弹出窗口"对话框功能

通常情况下，弹出窗口只需要设置一个名称即可，其他可以在主窗口中进行大小及位置的设置。

在属性 & 动作面板 > 属性面板中，设置其窗口属性（如图 5-98 所示）：

图 5-98　弹出窗口的属性面板

功能介绍（如表 5-38 所示）：

名称	功能
百分比宽度	弹出窗口的宽度将以百分比的形式，适应窗口大小
背景颜色	当前活动窗口的背景颜色
不透明度	当前活动窗口的不透明度
背景图像	可为当前活动窗口添加图像为背景
初始隐藏	设定指示活动窗口是否初始隐藏

表 5-38　弹出窗口属性面板功能介绍

（二）复制 / 粘贴弹出窗口

复制粘贴弹出窗口的具体方法如下：

（1）在弹出窗口编辑区可右击弹出窗口复制，并粘贴（如图 5-99 所示）：

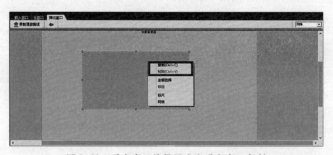

图 5-99　弹出窗口编辑区右击弹出窗口复制

2. 也可以在弹出窗口列表中右击复制，并粘贴（如图 5-100 所示）：

图 5-100　弹出窗口列表中右击复制

（三）调整弹出窗口

添加弹出窗口后，可以在主窗口中看到如图 5-101 所示的界面：

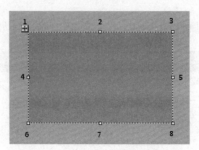

图 5-101　添加弹出窗口以后的画布

如图虚线所示区域即为新添加的弹出窗口的大小及位置，可以向弹出窗口中另添组件，添加的具体方法与主窗口中添加组件的方式一致。

如果要调整弹出窗口的位置，一般有两个方式：

（1）调整其属性中的大小及位置。

（2）通过在弹出窗口区域中按住 Ctrl 键鼠标左键进行拖动，其大小可以通过弹出窗口上的八个活动点进行修改。

框选：直接拖动鼠标左键。

移动：鼠标拖住上图中"1号位"的"加号"图标进行移动或鼠标放在弹窗边框线上 8 个点之外的地方，鼠标变为"十字"，可进行移动。

（四）弹出窗口中添加组件

当添加了一个弹出窗口后，可以在其窗口中添加任何组件库中可以添加的组件，如地图播放器、缩略图、文本框、文本、地图、列表框等。向弹出窗口中添加组件的流程方式与在主窗口中添加的方式完全一致，但要注意的是，组件的添加位置必须是在弹出窗口所设置的范围内，不然无法正常显示。

如图 5-102，演示了向弹出窗口中添加一个缩略图的效果：

图 5-102　添加缩略图后的效果

当然也可以添加多个组件（如图 5-103 所示）：

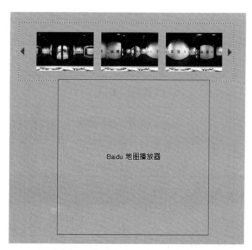

图 5-103　在弹出窗口中添加多个组件

当我们设计好弹出窗口中要显示的内容后，即可以为其他场景进行交互的设置，具体可以参看下文。

（五）显示窗口及交互

当在弹出窗口中添加了一些组件以后，还可以控制此弹出窗口的显示隐藏：

首先，根据需要，可以通过其属性中的"初始隐藏"，对其进行初始化操作；

其次，在主窗口中添加一个按钮，为此按钮添加一个"动作"（如图5-104所示）：

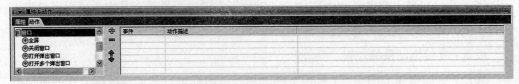

图5-104　按钮的动作面板

选择"打开多个弹出窗口"，弹出如下窗口（如图5-105所示）：

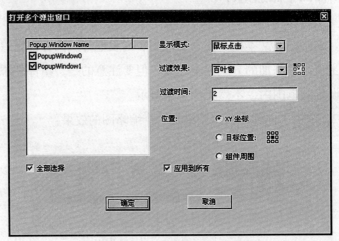

图5-105　"打开多个弹出窗口"设置界面

功能介绍（如表5-39所示）：

名称	功能	备注
名称	设置要显示/隐藏的弹出窗口的名称	
显示模式	设置响应方式	如鼠标点击、鼠标经过
过渡效果	显示活动窗口的效果	如百叶窗、滑入滑出等
过渡时间	当选择好过渡效果后，可以设置其过渡的时间	
位置	XY坐标以整个窗口为参照	目标位置是以此窗口九宫格位置进行显示。一般默认即用XY坐标即可
鼠标移开后隐藏弹出窗口	此功能是与鼠标经过相互照应的，只有选择鼠标经过的显示模式后，此功能才能启用	

表5-39　"打开多个弹出窗口"设置界面功能

七、录制漫游路线的方法

通过录制漫游路线，可以将当前工程中部分或者全部场景，按照一定顺序、播放位置和时间组织起来，最终得到一条能连续播放这些场景的漫游路线，制作者如同自己当了一回导演，让观看者按照自己的思路欣赏电影一样。

（一）幻灯片

如果在列表面板＞场景列表中导入一幅或者多幅场景图片后，系统就会自动生成一个名为"幻灯片"的漫游路线。幻灯片包括您导入工程内的所有场景，并根据场景列表中场景图片的顺序及您对每一幅场景设置的水平视角、垂直视角、视野范围和旋转速度自动生成。

因此当在场景列表中添加或者删除了场景，或者更改了某一幅场景的旋转速度时，幻灯片会自动更新。如果您想控制幻灯片中场景的播放时间，那么在导入场景前，需先在首选参数＞场景设置中设置。幻灯片里面的播放内容、场景顺序等是不能被编辑或者修改的，如果想录制新的漫游路线，可以通过复制和粘贴幻灯片新建一个漫游路线。

1. 新建一条漫游路线

在开始录制一个自定义的漫游路线前，必须先创建一个漫游路线，具体方法如下：

方法一：

（1）点击主窗口中的 录制漫游路线 按钮，打开录制漫游路线面板；

（2）点击左下角的 按钮，则新建一条漫游路线，默认名为"漫游路线1"。

方法二：

（1）选中录制漫游路线面板列表区中的幻灯片，并点击鼠标右键；

（2）在弹出的下拉菜单中选择复制漫游路线；

（3）然后在列表区中再次点击鼠标右键，在弹出的下拉菜单中选择粘贴漫游路线；

（4）列表区中即增加一条名为"复制幻灯片1"的漫游路线。

2. 录制漫游路线

（1）插入和删除帧

帧是漫游路线的组成元素。每一个帧表示漫游路线中的一个时间点。录制一条漫游路线必须插入多个不同的帧。

插入帧的步骤如下：

①在录制漫游路线面板中选中刚新建的漫游路线，如"漫游路线1"；

②单击主窗口中的选择场景按钮 ；

③出现场景下拉菜单，选中其中某一场景，如"场景A"，此时在场景播放器中会显示场景的初始视图；

④将鼠标移动到录制漫游路线面板中的"帧编辑区"内某一时间点上单击，如

1s 位置；

⑤点击左下角的插入一帧 按钮，或单击右键菜单 > 插入帧，即在漫游路线 1 的 1s 处插入了一帧，此帧的作用是显示漫游路线 1 的初始视图；

⑥然后再将鼠标移动到您想插入的下一帧的时间位置并单击，比如 10s 位置处；

⑦接着设置这两帧之间的漫游路线，比如移动鼠标到场景播放器中，点击 ，让当前场景顺时针旋转；

⑧旋转到理想位置后，再次点击左下角的插入一帧 按钮。

这样，漫游路线 1 在 1s-10s 时间段内，将从场景 A 的初始视图开始自动顺时针旋转。如此反复，可以设定不同场景的不同帧，将它们连接起来，按照设定的路线编辑出个性化的漫游路线。

删除帧的步骤如下：

①选中漫游路线中的某一帧；

②点击 或者单击鼠标右键 > 删除帧即可。

💡**注意**：插入帧时，必须按照如下顺序进行：设置待插入帧的具体位置，如图即设置待插入帧在哪个时间点上；设置待插入帧的漫游效果（如：设置场景向右旋转一圈、场景放大、场景缩小等；再点击插入一帧 按钮，即成功插入一帧。如未按以上顺序进行插入，用户对帧设置的漫游效果将会无效。

可以拖动某一帧在漫游路线时间轴上的位置，来修改漫游路线的播放时间长度。具体步骤如下：

①在某一帧上按住鼠标左键；

②拖动鼠标在时间轴上向左或向右移动到某一位置。此时，被拖动的帧之后的各帧都会随之同步移动。

（2）复制、剪切和粘贴帧

复制或剪切一帧或几帧，将其粘贴到时间轴的其他位置或者另一个漫游路线里。具体步骤如下：

①选中要复制的帧（按住 Ctrl 或者 Shift 可以多选），单击右键 > 复制帧或者按 Ctrl+C；

②在目标位置单击右键 > 粘贴帧或者按 Ctrl+V 即可。

3. 预览漫游路线

录制完漫游路线后，我们可以对其进行预览，看看效果如何，具体方法如下：

方法一：点击录制漫游路线面板左下角的播放漫游路线按钮 ，在主窗口的场景播放器中即会实时播放当前录制的漫游路线。

方法二：选中列表区中待预览的漫游路线，直接按下"回车键"，即会播放当前录制的漫游路线。

4.设置漫游路线和帧的属性

（1）设置漫游路线属性

新建一条漫游路线后，在录制漫游路线面板下方会出现其属性面板（如图 5-106 所示）：

图 5-106　幻灯片属性面板

功能介绍（如表 5-40 所示）：

名称	功能	备注
时间	显示该漫游路线的播放时间长度	未录制漫游路线时，显示值为 0
重播漫游路线	即当该漫游路线播放完后，重新播放	
声音	导入该漫游路线的背景声音	当播放该漫游路线时即会伴随播放此背景声音
循环	设置背景声音是否循环播放	

表 5-40　幻灯片属性面板的功能介绍

（2）设置帧属性

在已经添加的帧上点击，在录制漫游面板下会出现帧属性面板（如图 5-107 所示）：

图 5-107　帧属性面板

功能介绍（如表 5-41 所示）：

名称	功能	备注
场景名称	显示当前帧所对应的场景	
水平	设置当前帧所对应场景的水平视角	
垂直	设置当前帧所对应场景的垂直视角	
播放	设置当前帧所对应场景的播放视野	
旋转方向	设置当前帧所对应场景的旋转方向	三种旋转方向可供选择：自动、顺时针、逆时针
漫游路线名称	显示当前帧所对应的漫游路线名称	
时间	显示当前帧与前一帧之间的播放时间长度	

表 5-41　帧属性面板功能

5.导出视频漫游路线

漫游大师中导出视频漫游路线功能。您可以将录制好的漫游路线导出为一个视频文件。具体方法如下：

（1）在录制漫游路线面板中，选中要导出视频的漫游路线；

（2）点击面板左下方的导出视频按钮 ，弹出导出视频对话框；

（3）选择导出路径、输入导出文件名，并设置 MPEG 格式（如图 5-108 所示）；

（4）点击确定即可。

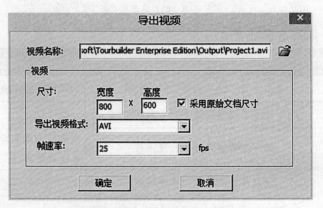

图 5-108　"导出视频"对话框

八、首选参数的设置

漫游大师提供了首选参数的设置，即可以在这里进行一些偏好设置。在菜单上点击【编辑】>【首选参数】即可进行首选参数的设置。

（一）常规设置

常规设置可以设定撤销的步骤和起始页类型（如图 5-109 所示）：

图 5-109　"首选参数"的"常规"选项卡

功能说明（如表5-42所示）：

名称	功能	备注
撤销步骤	自定义在使用软件过程中允许的撤销次数	范围在2-200之间
启动选项	选择打开软件时默认的风格	包括打开起始页或打开最后保存的工程

表5-42 "首选参数"的常规选项卡功能

（二）组件设置

组件设置可以设定载入窗口、场景播放器、字体、提示、滚动条的初始属性（如图5-110所示）：

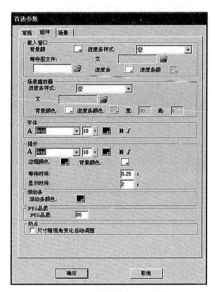

图5-110 "首选参数"的"组件"选项卡

功能介绍（如表5-43所示）：

名称	功能	备注
载入窗口	设置整个载入窗口初始的背景颜色、等待图、进度条颜色等	
场景播放器	设置场景切换过程中初始显示的预载图	
字体	设置初始的字体属性	包括字体、字号、字体颜色等
提示	设置初始的提示内容的属性	包括提示文本字体、字号、文本颜色、边框颜色等
滚动条颜色	设置初始的滚动条颜色	
热点–尺寸随视角变化自动调整	设定热点大小是否随视野变化	

表5-43 "首选参数"的"组件"选项卡功能

💡**注意**：载入窗口中的等待图是在虚拟漫游刚打开时显示的图像，而场景播放器中的预载图是在场景切换过程中显示的图像。前者指的是整个虚拟漫游下载完成之前看到的等待图，此等待图显示的区域与整个虚拟漫游的尺寸一样大；后者指的是场景切换时出现的预载图，此预载图显示的区域与场景播放器一样大。

（三）场景设置

场景设置是针对所有场景的初始设置，包括下列几项（如图 5-111 所示）：

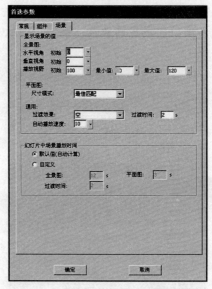

图 5-111　"首选参数"的"场景"选项卡

功能介绍（如表 5-44 所示）：

💡**注意**：首选参数设置只对设置后进行的操作有效。

名称		功能	备注
显示场景的值	全景图	可以设置全景的水平初始角度；垂直初始角度；播放视野的初始角度、最小视野及最大视野	
	平面图	可以设置平面图的显示尺寸	最佳匹配、或实际大小
	通用	可以设置过渡效果、过渡时间、播放速度等	
幻灯片中场景播放时间		可以设置幻灯片中每一幅全景、平面图的播放时间及场景之间的过渡时间	默认时软件自动计算

表 5-44　"首选参数"的"场景"选项卡功能

九、载入窗口的设置

载入窗口可以自定义启动虚拟漫游时的等待图，可以用来展示公司 Logo 等个性化图片。对载入窗口进行设置的具体方法如下：

（1）在舞台区域点击载入窗口；

（2）在其属性＆动作面板＞属性面板中，设置载入窗口属性（如图5-112所示）：

图5-112 设置载入窗口属性

功能介绍（如表5-45所示）：

名称	功能	备注
选择风格	漫游大师中自带了几种进度条样式风格可供选择	
自定义	选择标准的载入进度条或者自定义的.swf文件	
背景颜色	设置整个载入窗口的背景颜色	
等待图文件	导入载入窗口的等待图	
进度条样式	设置载入窗口进度条样式	标准样式：系统自带样式；自定义样式：可以选择已经做好的swf文件（如图5-113所示）

表5-45 载入窗口属性功能说明

标准样式   自定义样式

图5-113 进图条样式

🕹 **提示**：漫游大师中载入窗口的等待图文件不仅支持.jpg、.bmp、.gif格式，还支持自定义的.swf格式。另外，除了可以在载入窗口属性面板中设置其等待图外，还可以在菜单栏【编辑】＞【首选参数】中设置初始的等待图。这样当您每次创建工程时，载入窗口就会自动加载等待图。

十、发布的设置

点击发布按钮📥，或选择菜单中的【文件】＞【发布】，或按下快捷键Shift+F12，即可发布虚拟漫游。

漫游大师中取消了Java格式，新增了FlashVR（exe）的格式，即为独立的一个exe可执行文件的浏览方式，更加适合于POS机及一些其他特定的浏览体验（如图5-114所示）：

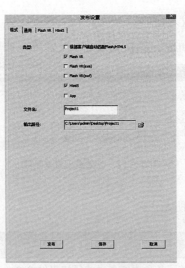

图 5-114　发布设置面板

（一）格式设置

在格式标签中，可以设置所要发布的虚拟漫游的类型、文件名及输出路径（如图 5-115 所示）：

图 5-115　"发布设置"的"格式"标签

功能介绍（如表 5-46 所示）：

名称	功能	备注
类型	漫游大师中支持发布四种格式的虚拟漫游：Flash VR、Flash VR（exe）、Flash VR (swf) 和 html5	您可以选择发布其中一种类型或者多种类型都发布
文件名	设置虚拟漫游的工程名	
输出路径	设置工程文件所要保存的目录	

表 5-46　"发布设置"的"格式"标签功能说明

注意：首次使用 App 格式发布请先下载并解压 App 工具包（如图 5-116 所示）：

图 5-116 解压 App 工具包提示界面

（二）通用设置（如图 5-117 所示）

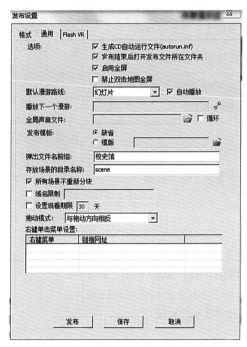

图 5-117 "发布设置"的"通用"标签

功能介绍（如表 5-47 所示）：

名称	功能	备注
所有场景不重新分块	勾选上该功能，工程分块发布了一次之后，再做修改重新发布不需要将原有的全景图切块，能大大提高工程的发布速度	
生成 CD 自动运行文件	选中此选项，发布后会生成一个 autorun.inf 文件	有了这个文件，当您把发布出来的文件拷贝到 CD 上时，CD 可以自动运行并播放您做好的虚拟漫游

续表

发布结束后打开发布文件所在文件夹	在虚拟漫游发布完成后自动弹出存放发布文件所在的文件夹	
启用全屏	在运行虚拟漫游时允许全屏展示	场景播放器全屏即表示以全景播放器为主的全屏效果；主窗口全景即表示是以整个主窗口全屏的效果
禁止双击地图全屏	勾选后双击地图不会全屏	
默认漫游路线	设置启动虚拟漫游时运行的漫游路线	
播放下一个漫游	当前虚拟漫游播放完成后，切换到设置的下一个虚拟漫游	设置下一个虚拟漫游的 URL 地址此功能仅支持 Java Applet 格式的虚拟漫游
全局声音文件	设置伴随整个虚拟漫游的背景声音	
发布模板	可以按照缺省方式或设置的模板发布虚拟漫游	
弹出文件名前缀	设置发布文件名的前缀	比如在发布设置的格式标签中设置了发布的文件名为 project4，并在弹出文件名前缀中设置前缀为 Tourbuilder，那么发布后的文件夹中的 html 文件名为 Tourbuilder_project4
存放场景的目录名称	设置存放场景的目录名称	
域名限制	设置域名限制，发布后 URL 不符合则提示"本漫游被限制不能播放，请联系制作单位"	
时间限制	设置观看期限 X 天，X 天后会提示"本漫游被限制不能播放，请联系制作单位"	
右键单击菜单设置	设置用户自己的单位信息，在观看发布后的案例时点击右键可以显示相对应的信息	

表 5-47 "发布设置"的"通用"标签功能说明

（三）Flash VR 设置（如图 5-118 所示）：

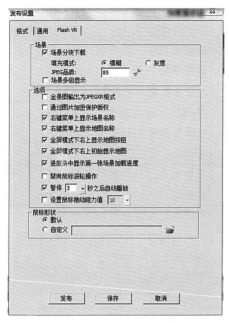

图 5-118　"发布设置"的"Flash VR"标签

（1）功能介绍（如表 5-48 所示）：

名称	功能	备注
场景——分场显示场景	可以将全景图进行分块加载，初始预览图为模糊或灰度图	
全景图输出 JPEGXR 格式	针对全景图片进行优化压缩，可使发布后的文件体积更小	
图像加密保护版权	给场景图片加密，保护其图片版权	加密后，不会改变图片文件大小。选中此项功能后，场景图片会被保存成 .jpeg 格式，其他人不能从虚拟漫游中使用或修改场景图片；未选中此项功能，场景图片不改变格式，即保存成 .jpeg 格式
右键菜单上显示场景名称	是否把场景名称放到右键菜单中	数目不能太多，最多 11 个
右键菜单上显示地图名称	是否把地图名称放到右键菜单中	数目不能太多，最多 11 个
全屏模式下右上显示地图按钮	是否在全屏状态下，显示地图按钮	选中表示出现地图按钮，不选中则表示不出现地图按钮。这个按钮的作用是：在场景全屏模式下，全屏窗口的右上角有一个按钮，用户点击之后，可以显示地图，再次点击，则地图隐藏

续表

全屏模式下右上初始显示地图	是否在全屏状态下，右上角初始展开地图	选中表示初始展开地图，不选中则初始不展开地图
进度条中显示第一张场景加载进度	若激活此项，即在载入窗口的进度条中，从50%~100%的进度是加载第一张场景图	
禁用鼠标滚轮操作	禁用鼠标滚轮操作，即可以防止鼠标滚轮对场景放大缩小的操作	
鼠标形状	设置观看虚拟漫游时鼠标的外观形状	
设置鼠标拖拽阻力	可以自行设定鼠标拖拽场景旋转时的阻力，有效值在1—100，数值越大，阻力越大	
停止 X 秒之后继续播放	设定场景停止（X）秒后可以自动开始旋转	

表 5-48 "发布设置"的"Flash VR"标签功能说明

（2）Flash VR（exe）设置

Flash VR（exe）设置即为 Flash VR 设置，是根据 Flash VR 的设置进行 exe 应用程序的封装，生成 .exe 的格式进行浏览（如图 5-119 所示）：

图 5-119　生成的 .exe 文件

生成此文件双击打开即可进行浏览观看。

提示：此格式一般用于单机观看或于 pos 机上进行浏览，而 Flash VR 发布后的网页结构主要用于网络观看。

（3）Flash VR（swf）设置

Flash VR（swf）设置即为 Flash VR 设置，是根据 Flash VR 的设置进行 swf 的封装，生成 .swf 的格式进行浏览（如图 5-120 所示）：

图 5-120　生成的 ".swf" 文件

生成此文件双击打开即可浏览观看。

（四）html 5 设置

显示工具栏：应用于 iPod touch 等一些苹果设备在浏览状态下底部显示工具栏。
设置如图 5-121 所示：

图 5-121　"html5" 选项卡

（五）App 设置

App 设置：根据 iOS 和 Android 的设置进行 ipa 和 apk 应用程序的封装，生成 .ipa
和 .apk 的格式安装在移动设备上浏览（如图 5-122、表 5-49 所示）：

图 5-122　"发布设置" 面板

名称	功能
App 名称	所发布 App 的应用名称
App ID	所发布 App 的 ID
SDK 路径	SDK（软件开发工具包）中 bin 文件夹路径
iOS 证书	打开 iOS 开发证书（Development Certificate）或者 iOS 发布证书（Distribution Certificate）的路径
iOS 密码	输入证书密码
iOS 配置文件	打开配置文件路径

表 5-49　"发布设置" 面板功能

十一、库的管理

漫游大师为用户提供了一个库，用于存储和组织制作虚拟漫游时的常用资源，包括图像库、声音库和组件库。以下详细讲解对各个库进行管理的方法。

（一）图像库管理

1. 应用图像库资源到工程中

虚拟漫游中所有会用到的图像资源都可以添加到图像库中，包括按钮、热点、雷达等图像。应用图像资源时，只要拖动库里的图像到已选定的组件的属性中，即可将其应用到组件上。以按钮为例：

（1）选中已添加到工程中的按钮组件，在按钮组件的属性面板里选中图像；

（2）在库面板＞图像库中选择一个理想的外观图片；

（3）按住鼠标左键不放，然后移动鼠标到该按钮属性面板中图像的三态图编辑框内；

（4）释放鼠标左键，则该按钮组件将应用于选中的图像。

2. 添加图像资源到图像库

您可以将常用的图像添加到图像库，以便在制作虚拟漫游的过程中直接使用。添加图像资源到图像库的步骤如下：

（1）打开库面板，选中图像库；

（2）点击 ，在弹出的"打开"对话框中，选择待添加的图片，然后点击【打开】，即可将图片加入图像库中。

3. 删除图像库中的图像资源

删除已经添加到图像库中的图像资源，步骤如下：

（1）打开库面板，选中图像库；

（2）在图像库中选中要删除的图片或者文件夹；

（3）点击 按钮。

4. 管理图像库中的图像资源

用户可以自定义文件夹，给图像库中的资源进行分类，步骤如下：

（1）打开库面板，选中图像库；

（2）点击 ，即在图像库中添加新的文件夹，给文件夹命名，如按钮；

（3）选中图像库中与按钮相关的图片，按住鼠标左键，然后移动鼠标到按钮文件夹，并释放鼠标左键，则这些图片都移动到按钮文件夹中。

分类后，可以轻松管理很多图像资源。

（二）声音库管理

您可以将虚拟漫游中可能应用的声音文件添加到声音库中。操作步骤同图像库管理。

（三）组件库管理

组件库中的组件资源与图像、声音资源稍有不同，这个库是用来管理虚拟漫游中已经编辑好的组件。例如，您给一个按钮设置好了精美的三态图片，也添加了一个控制场景向右旋转的动作，您就可以把这个组件保存到库里。下次在另一个虚拟漫游中您如果还需要添加一个向右旋转的按钮，就无须重新设置，只要直接从库里把这个按钮调出即可。

除了单个的组件，您还可以添加组件的组合到组件库中，比如您可以将左、右、上、下、放大、缩小六个组件组合成一组添加到组件库中。下次在其他虚拟漫游中就可以直接应用这一组按钮，而无须重新制作了。

将组件库中的组件资源添加到主窗口的步骤如下：

（1）在组件库中选中要添加的单个组件或者组合，比如按钮；

（2）然后按住鼠标左键不放，并且移动鼠标到主窗口中；

（3）释放鼠标左键，则该组件被添加到主窗口中。

将组件库中的组件资源添加到场景、地图上的步骤同上。

💡**注意**：组件库中的热点资源（即 hotspot）只能被添加到场景或者地图上；雷达资源（即 radar）只能被添加到地图上；除热点、雷达之外的其他资源只能被添加到主窗口中。

组件资源必须在工程中进行编辑再保存到库里，所以添加方法与图像、声音文件有所不同。步骤如下（以主窗口中按钮组件为例添加到库中）：

（1）选中主窗口中的按钮组件；

（2）单击鼠标右键，在弹出的右键菜单中选择保存到库；

（3）在弹出的对话框中输入组件名称，以及选定保存到目录，点击【保存】即可。

💡**注意**：组件保存到组件库后，其之前设置的跟具体某一个场景、地图或者漫游路线相关的动作会丢失。比如一个热点含有链接到场景 A 的动作，当该热点被保存到库中后，链接到场景 A 的动作被丢失。

十二、面板的布局

漫游大师提供了灵活的工作平台，用户可以根据自己的喜好对面板进行布局，只需对软件界面中的各个面板进行拖动即可。具体方法如下（以列表面板为例）：

（1）将鼠标移动到列表面板的左上角；

（2）列表面板的左上角出现一个十字箭头，按住鼠标左键不放；

（3）拖动鼠标到软件界面的其他区域；

（4）松开鼠标左键，列表面板即被成功拖动到其他区域；

（5）以相同方法拖动对象面板、皮肤列表面板、库面板、属性 & 动作面板、录制漫游路线面板或工具箱到相应位置；

（6）选择【窗口】>【保存面板布局】，在弹出的对话框内输入新布局名称（比如new）（如图 5-123 所示）：

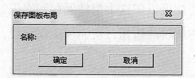

图 5-123　在弹出的对话框中输入名称

（7）保存面板布局后，在【窗口】>【面板设置】的下拉菜单中会出现刚保存的名称 new，选中它；以后再打开软件时就会按照这个面板布局显示（如图 5-124 所示）：

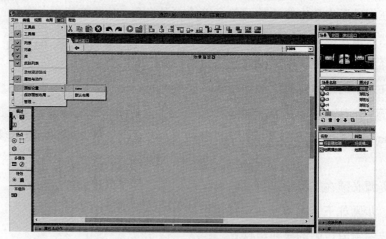

图 5-124　保存面板布局

十三、关于动作

动作，也是组件的一个属性，表示当单击组件后，会发生什么响应事件。只有下列组件是可以添加动作的：图像、文本、按钮和热点组件。所有的动作分为以下几类：针对场景的动作、针对声音的动作、针对窗口的动作、针对地图的动作、针对漫游路线的动作及针对其他杂项的动作。

（1）针对场景的动作（如表 5-50 所示）：

动作	说明
链接场景	链接到某一场景添加该动作后，会弹出链接场景对话框，选择要切换的场景、过渡效果和过渡时间等
向左	场景自动向左旋转
向右	场景自动向右旋转
向上	场景自动向上移动

续表

向下	场景自动向下移动
放大	场景放大
缩小	场景缩小
向前	到达用户操作场景路径下一路径
后退	到达用户操作场景路径上一路径
上一个场景	按用户在场景列表中导入的场景顺序后退一个场景
下一个场景	按用户在场景列表串导入的场景顺序前进一个场景
停止	停止播放当前场景
重置	重置场景至其初始位置（视口参数属性）
播放/暂停漫游路线	这是一个带有开关性质的动作，即播放/暂停漫游路线。假如正在播放漫游路线，点击即会暂停播放，再次点击则会继续播放
停止播放漫游路线	停止播放漫游路线

表 5-50　场景的动作说明

（2）针对声音的动作（如表 5-51 所示）：

动作	说明
静音/声音	这是一个带有开关性质的动作，即暂停/播放声音。假设声音正在播放，点击即会暂停播放，再次点击则会继续播放
播放声音	点击后播放指定的声音

表 5-51　声音的动作说明

（3）对其他杂项的动作（如表 5-52 所示）：

动作	说明
弹出图像	为场景中的热点添加该动作后，将会弹出一个窗口显示指定的图像。具体请参考添加场景热点中添加链接到场景细部图的热点
弹出 pdf	自动调取 PDF 阅读器打开添加的文档
链接 URL	链接到某个网页
显示/隐藏热点	这是一个具有开关性质的动作，即显示/隐藏某一类型的热点。比如将该动作赋予一个按钮，当某一类型的热点被显示时，点击该按钮后，该类型的热点将全部被隐藏；再次点击该按钮后，则该类型的热点又被显示出来（如图 5-125 所示）：
显示/隐藏雷达	这是一个具有开关性质的动作，即显示/隐藏某一类型的雷达。比如将该动作赋予一个按钮，当某一类型的雷达被显示时，点击该按钮后，该类型的雷达将全部被隐藏；再次点击该按钮后，则该类型的雷达又被显示出来（如图 5-126 所示）：
邮件	发送邮件消息给指定的收件人，弹出系统默认的邮件客户端，并将当前虚拟漫游的 URL 自动填入正文区，对于 exe 和 ppt 形式发布什么都不填写

续表

打印	打印当前的场景，点击后弹出系统打印页面
显示帮助文档	弹出介绍漫游大师的帮助文档，该网页有版权声明、使用帮助、播放器下载链接
执行脚本	执行 JavaScript 脚本

图 5-125 显示/隐藏热点   图 5-126 显示/隐藏雷达

表 5-52 其他杂项动作说明

（4）针对窗口的动作（如表 5-53 所示）：

动作	说明
全屏	全屏动作，全屏的是场景播放器或者地图播放器
关闭窗口	关闭运行的虚拟漫游
打开弹出窗口	打开一个已经建立好的"弹出窗口"
打开多个弹出窗口	打开多个已经建立好的"弹出窗口"
显示/隐藏弹出窗口	指示所指定的弹出窗口的显示和隐藏
关闭弹出窗口	关闭一个已经显示的"弹出窗口"
关闭多个弹出窗口	关闭多个已经显示的"弹出窗口"

表 5-53 窗口动作说明

（5）针对地图的动作（如表 5-54 所示）：

动作	说明
链接地图	链接到某一地图添加该动作后，会弹出链接地图对话框，选择要切换的地图、过渡效果和过渡时间等
显示/隐藏地图播放器	控制显示/隐藏地图播放器
向左	地图向左移动
向右	地图向右移动
向上	地图向上移动
向下	地图向下移动
放大	地图放大
缩小	地图缩小

表 5-54 地图动作说明

十四、关于 html5

（1）漫游大师支持 html5 的组件（如表 5-55 所示）：

组件	说明	备注
场景播放器	播放场景	
地图播放器	播放平面地图	
百度地图播放器	播放百度电子地图	
按钮	添加一些动作	
文本	显示固定文字信息	
图像	显示图像信息	
文本框	动态显示场景的描述性文字	只支持针对场景的说明
热点	场景之间的链接或弹出场景局部的细部图	
雷达	识别场景在地图中的方位	

表 5-55　html5 动作说明

💡**注意**：此处未标明的组件即表示该组件不支持在 html 5 里观看。

（2）Flash 与 html5 功能对比

html5 与 Flash 功能对比（如表 5-56 所示）：

功能分类		Flash	html5
场景播放器	大小、位置	支持	支持
	背景色	支持	支持
	框架图	支持	不支持
	区分访问过的热点	支持	不支持
	进度条	支持	只支持默认的
地图播放器	大小、位置	支持	支持
	边界色	支持	支持
	最佳匹配模式	支持	不支持
	实际大小模式	支持	支持
	区分访问过的热点 / 雷达	支持	不支持
组件锚定	所有组件锚定	支持	支持
	弹出窗口锚定	支持	支持
主窗口大小模式	全屏模式	支持	支持
	固定大小模式	支持	支持

续表

等待窗口		支持	支持
场景类型	球型场景	支持	支持
	柱型场景	支持	支持
	立方体场景	支持	支持
	平面图	支持	支持
	其他类型场景	支持	不支持
	部分全景	支持	不支持
	场景过渡效果	全部支持	支持部分
弹出窗口	大小	支持	支持
	弹出位置	支持	支持3种弹出位置（固定位置、九宫方格、组件周围）
	背景色	支持	支持
	弹出效果	支持所有弹出效果	支持所有弹出效果
	弹出效果时间	支持	支持
	初始是否显示	支持	支持
	组件放在弹出窗口上	支持所有组件放在弹出窗口上	支持场景播放器、地图播放器、百度地图播放器、缩略图、按钮、文本、文本框、图像组件放在弹出窗口上
按钮	位置、大小	支持	支持
	按钮类型	支持所有类型	只支持普通按钮和开关按钮
	提示	支持	支持
	按钮文字	支持	支持
图像	位置、大小	支持	支持
	透明度	支持	支持
	显示模式	支持	支持
文本	位置、大小	支持	支持
	字体大小、颜色	支持	支持
	透明度	支持	支持
	下画线	支持	支持
	访问三态的颜色	支持	支持
文本框	位置、大小	支持	支持
	背景色	支持	支持
	边框色	支持	支持
	透明度	支持	支持
	字体大小、颜色	支持	支持

续表

	列表值	支持所有类型	只支持场景
自定义缩略图	位置、大小	支持	支持
	背景色、边框色	支持	支持
	透明度	支持	支持
	左右两端图片	支持	支持
	滚动条	支持	不支持
	风格	支持	只支持半透明模式
	列表值	支持所有类型	只支持场景
	显示数量随当前地图变化	支持	不支持
热点	场景里面的热点	支持	支持
	地图里面的热点	支持	支持
	百度地图上面的热点	支持	支持
多边形热点	场景里面的多边形热点	支持	支持
	百度地图上面的多边形热点	支持	支持
雷达	普通地图上的雷达	支持	支持
	百度地图上的雷达	支持	支持
其他组件	Flash 缩略图	支持	不支持
	列表框	支持	支持
	组合框	支持	支持
	速度控制器	支持	支持
	建模	支持	不支持
	眩光	支持	不支持
	漫游路线控制器	支持	不支持
	Flash	支持	不支持
	视频	支持	支持
	指南针	支持	支持
声音	场景背景音乐	支持	支持
	全局背景音乐	支持	支持
漫游路线		支持	不支持
全屏工具条		支持	不支持
动作	左	支持	支持
	右	支持	支持
	上	支持	支持
	下	支持	支持

续表

	放大	支持	支持
	缩小	支持	支持
	暂停	支持	支持
	打开弹出窗口	支持	支持
	关闭弹出窗口	支持	支持
	显示 / 隐藏弹出窗口	支持	支持
	打开多个弹出窗口	支持	支持
	关闭多个弹出窗口	支持	支持
	弹出图像	支持	支持
	链接到场景（支持设置初始水平视角、垂直视角、播放视野）	支持	支持
	鼠标经过效果	支持	不支持
	弹出 pdf	支持	支持
	关闭陀螺仪效果	不支持	支持
	其他动作	支持	不支持

表 5-56　html5 与 Flash 功能对比

第五节　常见问题

一、一般问题

（一）什么是漫游大师？

漫游大师将图像、声音、URL、交互地图和热点结合为一体，构成了虚拟漫游。当用户点击虚拟漫游中的热点欣赏这些场景时，就像在现实中从一个场景走到了另一个场景。虚拟漫游大大强化了用户虚拟现实的真实感。由此可见，运用漫游大师制作的虚拟漫游生动且功能强大。此外，还可以用多种方法展示您的虚拟漫游。

（二）我可以用漫游大师做什么？

使用漫游大师，可以：

（1）将球型全景、柱型全景、平面图、Kaidan One Shot、0-360 One Shot、Remote Reality One Shot、单鱼眼或立方体链接到一起，制作出一个可用于网络发布的虚拟漫游。

（2）可直观地定制皮肤和场景。

（3）可给按钮、文本、图像和热点组件添加丰富的动作。这些动作可以链接到其他场景、其他地图、其他漫游路线、另一个虚拟漫游，以及弹出图像和声音等。

（4）设置虚拟漫游路线，以便控制虚拟漫游播放的时间和漫游的路线。

（5）设置具有雷达效果的交互地图。

（6）生成网络 Flash 格式的虚拟漫游，可直接在网上发布；生成本地 .exe 格式进行浏览观看，主要用于本地演示。

（三）要使用漫游大师制作虚拟漫游，还需要其他软件的配合吗？

需要。漫游大师软件不做全景拼合，如需导入球型全景或柱型全景，需采用另外的全景拼合软件。制作球型全景生成，推荐使用杰图软件提供的造景师软件；制作柱型全景生成，推荐使用 Ulead Cool360 或 PiXmaker。

（四）如何观看虚拟漫游？

在您制作虚拟漫游工程的过程中，您可以随时利用菜单、工具条或者键盘快捷键来预览虚拟漫游；

在成功将虚拟漫游发布成网络 Flash 格式或本地 exe 格式之后，您可以通过网络或者本地 exe 直接观看虚拟漫游。

（五）什么是幻灯片？我可以将他删除吗？

幻灯片是系统自动生成的漫游路线，不能被删除。无论什么时候往场景列表中添加一个新的场景，幻灯片中都会添加两个预设帧（开始和结束），这两帧中间不能加入其他的帧。您不能删除幻灯片，甚至是幻灯片上的帧也不允许删除。但是，您可以将幻灯片上的帧复制到其他漫游路线中。

二、软件购买问题

（1）如何购买漫游大师软件？

购买漫游大师软件，请通过以下方式联系厂商：

地址：上海市浦东新区张衡路 1000 弄 53 号

邮编：201203

电话：021-50276192、50276193

传真：021-50800745

网站：http://www.jietusoft.com

客户支持：support@jietusoft.com

业务合作：sales@jietusoft.com

（2）我的加密狗坏了，怎么办？

如果您的加密狗坏了，请按照上述方式联系厂商。

三、使用漫游大师的相关问题

（1）我可以在 macintosh 上使用漫游大师吗？

漫游大师只能在 Windows OS 上使用。

（2）我为什么不能删除幻灯片上的帧？

这是系统自动生成的漫游路线，是不允许被删除的。但是，您可以将幻灯片上的帧复制到其他漫游路线上。

（3）我已经在场景列表中改变了场景的顺序，这个操作会影响到我所编辑的漫游路线中帧的排列顺序吗？

不会的。将场景文件移上或者移下可能会影响幻灯片中帧的顺序，因而默认的虚拟漫游会发生相应的变化。但是，这个操作并不会影响到其他包含了这些场景文件的漫游路线。

（4）我刚刚开始使用漫游大师，能否告诉我平面图视野的中心位置，以及全景的水平视角、垂直视角和播放视野是什么？

播放器中心位置是指播放器初始的中心位置。

播放视野是指播放全景时，眼睛所能看到的视野范围。

水平视角是指全景播放窗口水平方向的视角。

垂直视角是指全景播放窗口垂直方向的视角。

（5）漫游大师可以支持哪种格式的声音文件？

漫游大师仅支持 mp3 格式的声音文件

四、技术支持

地址：上海市张江高科技园区郭守敬路 498 号 12 号楼 102 室

邮编：201203

电话：021–5027 6193

传真：021–50800745

网站：http://www.jietusoft.com

客户支持：support@jietusoft.com